Rheinisch-Westfälische Akademie der Wissenschaften

Geisteswissenschaften Vorträge · G 202

Herausgegeben von der
Rheinisch-Westfälischen Akademie der Wissenschaften

RUDOLF MORSEY

Zur Entstehung, Authentizität und Kritik von Brünings „Memoiren 1918–1934“

Westdeutscher Verlag

201. Sitzung am 19. Februar 1975 in Düsseldorf

Gesamtherstellung: Westdeutscher Verlag GmbH

ISBN 978-3-531-07202-9 ISBN 978-3-322-86464-2 (eBook)
DOI 10.1007/978-3-322-86464-2

Inhalt

Vorbemerkung

Als ich vor mehr als Jahresfrist das Thema des heutigen Vortrags für die Vorschau der Akademie-Veranstaltungen formulieren mußte[1], war mir noch nicht bekannt, daß einige Monate später kurz hintereinander eine zweibändige Auswahl von Briefen Heinrich Brünings aus der Zeit von 1934–1960 erscheinen würde[2]. Eine solche Publikation hätte gleichzeitig einen nützlichen und sehr erwünschten Kommentar der „Memoiren" durch spätere briefliche Äußerungen darstellen können; denn Brüning hat in dem genannten Zeitraum in vielen Hunderten von Briefen über die Zeit seiner Reichskanzlerschaft sinniert und reflektiert.

Nun ist diese Edition jedoch nicht in Kenntnis der Methoden der Geschichtswissenschaft und der Editionsprinzipien der Zeitgeschichtsforschung erfolgt. Diese Auswahl-Ausgabe ist in mehrfacher Hinsicht problematisch. Durch die Herausgeber, insbesondere die Hauptherausgeberin, Claire Nix – Brünings langjährige Assistentin, Sekretärin, Haushälterin und Teilerbin seines Vermögens – sind aus den einschlägigen Briefen alle diejenigen Passagen herausgeschnitten worden, die sich auf Vorgänge in der Zeit *vor* 1934, also vor Brünings Emigration aus Deutschland, beziehen, eingeschlossen die Zeit seiner Kanzlerschaft. Eine Auswahl aus diesen Schnittstücken soll in einem gesonderten Band veröffentlicht werden[3]: ein bisher einmaliges Verfahren in der Publikation eines politischen Briefwechsels[4].

[1] Das Referat wird hier in einer erweiterten und mit Belegen versehenen Fassung vorgelegt. Es beruht auf Vorarbeiten, die seit Mai 1971 teilweise in Vorträgen ausgebreitet oder inzwischen in Aufsatzform erschienen bzw. im Druck sind. – Seitenangaben der „Memoiren" sind in den Text eingefügt, um die Anmerkungen zu entlasten.

[2] Heinrich *Brüning*. Briefe und Gespräche 1934–1945. Briefe 1946–1960. Hrsg. von Claire *Nix* unter Mitarbeit von Reginald *Phelps* und George *Pettee*. Stuttgart 1974. Künftig zitiert: Briefe I und II.

[3] Vgl. Vorwort zu: Briefe I, S. 12.

[4] Vgl. meine Rezensionen in: Frankfurter Allgemeine Zeitung vom 27. September 1974 und 30. Januar 1975 („kastrierte Teiledition"). Wesentlich ausführlicher und kritischer: Rudolf *Morsey*, Zur Problematik einer zeitgeschichtlichen Briefedition, in: Histor. Zs. 1975 (z. Z. in Druck). Ludwig *Volk* hat darauf hingewiesen, daß durch die Verstümmelung der Auswahl die in Brünings „Memoiren" gebotene Darstellung nicht an parallelen Briefversionen gemessen werden kann; der „Schere von Frau Nix" sei ein „gar zu dominierender Einfluß auf die Druckfassung der vorgelegten Dokumente eingeräumt"

Da ich zahlreiche solcher brieflichen Äußerungen Brünings über seine Tätigkeit in den zwanziger Jahren und vor allem über die Zeit seiner Reichskanzlerschaft kenne, kann ich mich zwar im Folgenden mit darauf beziehen[5], jedoch für deren Kontrolle nicht auf eine bereits allgemein zugängliche Quelle verweisen[6]. Ein Vergleich der „Memoiren" bzw. einzelner Teile mit entsprechenden späteren brieflichen (und auch mündlichen) Äußerungen Brünings bleibt ein Desiderat.

Eine zweite Vorbemerkung sei angefügt: Seit vier Jahren laufen zwei Prozesse, die mit der Publikation von Brünings „Memoiren" im Zusammenhang stehen. Beide Prozesse haben seinerzeit ein starkes Presseecho gefunden. Diese gerichtlichen Auseinandersetzungen bleiben in meinem Referat ausgeklammert. Ich erwähne sie nur deswegen, weil dadurch der Historiker nicht eigentlich überrascht worden ist; denn Memoiren deutscher Reichskanzler, soweit sie posthum erschienen sind, führten fast immer zu gerichtlichen Auseinandersetzungen (was jeweils ihre Verkaufsauflage steigerte): Das gilt für die Erinnerungen von Bismarck wie für die von Hohenlohe-Schillingsfürst und die von Bülow.

I. Zielsetzung und Fragestellung

Anfang November 1970 wurden Brünings „Memoiren 1918–1934" von der Deutschen Verlags-Anstalt in Stuttgart veröffentlicht. Sie erreichten innerhalb kurzer Zeit eine Bestseller-Auflagenhöhe und liegen seit 1972 auch in einer zweibändigen Taschenbuchausgabe vor. Selten ist das Erscheinen von Lebenserinnerungen eines Reichskanzlers mit größerer Spannung erwartet worden. Schon der Tod des 84jährigen Brüning am 30. März 1970 hatte eine

worden. Brüning in seinen Briefen, in: Stimmen der Zeit 193, 1975, S. 139. Karl Otmar *Frhr. v. Aretin* hat die Art der Herausgabe (in seiner Rezension von Bd. II) als „skandalös" bezeichnet; diese Auswahl sei für die Forschung „unbrauchbar", in: Süddeutsche Zeitung vom 15. März 1975.

5 Das geschieht durch Hinweise auf Datum, Briefempfänger und (nur bei der jeweiligen Erstzitation) Aufbewahrungsort, soweit sich die entsprechenden Briefe in Archiven befinden. Bei Angaben ohne Archivbezeichnung handelt es sich um Schreiben, die mir von den betreffenden Adressaten zugänglich gemacht worden sind, wofür ich ihnen auch an dieser Stelle danken möchte.

6 Thomas A. *Knapp* hat unter Bezug auf den von ihm in Auszügen veröffentlichten Briefwechsel Brünings mit Wilhelm Sollmann von „gelegentlichen Ungereimtheiten und Unterschieden (zumindest in der Betonung) zwischen den Memoiren und den mehr privaten Aussagen in den Briefen" gesprochen. Heinrich Brüning im Exil, in: Vierteljahrsh. für Zeitgesch. 22, 1974, S. 103. In Kenntnis eines wesentlich größeren Teiles von Brünings Briefwerk muß dieses Urteil erheblich modifiziert werden, da sich in einzelnen Fällen beträchtliche Unterschiede ergeben.

lebhafte öffentliche Anteilnahme ausgelöst. Aber erst die Diskussion seiner „Memoiren" ergab, daß und wie sehr Persönlichkeit und Politik des Reichskanzlers in den Jahren der Wirtschafts- und Staatskrise 1930–1932 noch umstritten waren. Zu dicht folgte auf den Sturz des Zentrumspolitikers (30. Mai 1932) die „Machtergreifung" Hitlers.

Von den einen wurde und wird Brüning als letztes Bollwerk gegen den Nationalsozialismus verstanden; bei den anderen galt und gilt er als Prototyp einer autoritären Notverordnungspolitik und damit als Vorläufer oder zumindest Wegbereiter der Diktatur. Die „Memoiren" sind inzwischen oft rezensiert und kritisiert worden. Es ist nicht meine Absicht, mit diesem Referat die Zahl der Rezensionen zu vermehren[7]. Auch geht es mir nicht darum, mich mit der bisherigen Memoiren-Kritik auseinanderzusetzen, wenngleich diese sehr notwendige Aufgabe noch nicht geleistet ist und eine Bilanz der gesicherten Ergebnisse aus der ersten Diskussionsrunde lohnen würde.

Mit meinem Referat möchte ich einen Beitrag zur Klärung der folgenden vier Punkte leisten und

1. darlegen, von welchem *Ansatz* aus die nächste Runde der Auseinandersetzung mit Brünings Erinnerungen erfolgen sollte;

2. die Frage nach der *Quellengrundlage* und *Genesis* dieser „Memoiren" stellen und beantworten, um damit ein schwerwiegendes Versäumnis der bisherigen Kritik nachzuholen[8]. Es überrascht, daß selbst namhafte Historiker, von wenigen Ausnahmen abgesehen, die inhaltliche Richtigkeit und Stimmigkeit von Brünings Darstellung mehr oder weniger unbesehen akzeptiert und ihren eigenen Interpretationen bzw. Neuinterpretationen der Ereignisse jener Jahre allzu unkritisch zugrunde gelegt haben[9];

[7] Da selbst die wichtigsten Rezensionen bzw. die an die „Memoiren" anknüpfenden einschlägigen Aufsätze ihrer großen Zahl wegen an dieser Stelle nicht aufgeführt werden können, wird im Folgenden nur dann auf einen Rezensenten besonders verwiesen, wenn dessen Ansicht eigens zitiert ist.

[8] Von der Ausnahme (Klaus Gotto) wird noch die Rede sein (s. Anm. 64). In meiner Rezension in der Frankfurter Allgemeinen Zeitung vom 5. November 1970 bin ich seinerzeit auf die Frage der Quellengrundlage und Genesis nicht eingegangen, da diese Besprechung, am Tage der „Memoiren"-Publikation erschienen, auf Grund eines Vorausexemplars (Umbruchkorrektur) geschrieben werden mußte, in der das „Nachwort" des bzw. der Herausgeber fehlte, von dem entsprechende Aufschlüsse erwartet werden konnten.

[9] Charakteristisch dafür ist der Schlußsatz des Aufsatzes von Gerhard *Schulz*, Erinnerungen an eine mißlungene Restauration. Heinrich Brüning und seine Memoiren, in: Der Staat 11, 1972, S. 81: „Seine Ansichten und Handlungen hat er [Brüning] rückhaltlos offengelegt, womit er nun auch manche Version, die seine erste öffentliche Nachkriegsäußerung [1947] erzeugt hat, posthum revidiert." Ähnlich bereits vorher Karl Dietrich *Bracher:* „Es besteht kaum Anlaß, die sachliche Korrektheit der meisten faktischen Angaben und auch der Gesprächsresümees zu bezweifeln." Brünings unpolitische Politik

3. möchte ich zur Beurteilung der *inneren Glaubwürdigkeit* der „Memoiren" Brünings beitragen und zeigen, daß und warum darin ihre eigentliche Problematik steckt.

4. Schließlich wird auf *Widersprüchlichkeiten* im Text einzugehen und die Frage zu beantworten sein, ob die politischen Konzeptionen des *Memoirenschreibers* auch die des *Reichskanzler* gewesen sind, ob sie realisierbar waren und ob Brüning bei seinem Sturz die berühmten „100 m vor dem Ziel" gestanden hat.

II. Brünings „Schweigen für Deutschland"

Heinrich Brüning konnte Deutschland am 21. Mai 1934, von Hermann Muckermann über die Grenze nach Holland gebracht, unbemerkt verlassen, fünf Wochen vor der ersten Mordwelle der Hitler-Diktatur im Zusammenhang mit dem Röhm-„Putsch"[10]. Der damals 49jährige Exkanzler gelangte über die Niederlande zunächst nach Großbritannien und wenig später in die Schweiz. Nach einem mehrjährigen rast- und ruhelosen Wanderleben zwischen der alten und der neuen Welt fand er seit 1939 in den USA eine zweite Heimat[11]. Seine Leidensgefährten in der Emigration warteten – ebenso wie

und die Auflösung der Weimarer Republik, in: Vierteljahrsh. für Zeitgesch. 19, 1971, S. 115.

[10] Dazu vgl. Hermann *Muckermann*, Wie Heinrich Brüning am 21. Mai 1934 Deutschland verließ, in: Deutsche Rundschau 71, 1948, S. 112ff. Auch abgedruckt (ohne Hinweis auf die Erstveröffentlichung) in: Der christliche Sonntag (Freiburg i. Br.) 8, 1956, S. 213f. Über Brünings Entkommen aus Deutschland kursieren zahlreiche falsche Anschauungen, wobei die angebliche Unterstützung durch die britische Botschaft in Berlin eine Rolle spielt. Bisher nicht verifizierbar ist auch die Aussage von John *Wheeler-Bennett:* „I was one of the group of English friends who arranged his escape across the Dutch frontier." The End of the Weimar Republic, in: Foreign Affairs 50, 1972, S. 368. – Vor einigen Jahren habe ich es erstmals als „wahrscheinlich" bezeichnet (Brüning, ein Staatsmann, s. Anm. 12, S. 108), daß Brüning 1934 die Warnung, daß sein Leben bedroht sei, von einem Berliner Kriminalrat bei der Gestapo (Lothar Wandel) erhalten habe, so daß er sich einer drohenden Verhaftung entziehen konnte. Diese Vermutung, ausgesprochen auf Grund einer entsprechenden Aussage *Wandels* in seinem Entnazifizierungsverfahren 1947 (vgl. Neues Tageblatt, Osnabrück, vom 11. Juni 1947), wird bestätigt durch *Brünings* Brief vom 24. Februar 1948 an Mona Anderson. Briefe II, S. 118. Unklar ist noch, ob Wandel seine Information von Walter Buch, dem Vorsitzenden des NSDAP-Parteigerichts, erhalten hat, den *Brüning* in einem Gespräch vom Juni 1953 mit Helmut Krausnick als denjenigen bezeichnete, der ihn habe warnen lassen. Vgl. M. *McKale*, The Nazi-Party Courts. Kansas 1974, S. 129. Bei dieser Gelegenheit hat Brüning allerdings ein falsches Datum seiner Flucht (nämlich den 27. Juni 1934) genannt.

[11] Brünings bisher nur schwer rekonstruierbares Itinerar in der Emigration, insbesondere bis 1939, läßt sich an Hand der neuen Briefauswahl-Bände (s. Anm. 2) und der dort den einzelnen Jahrgängen vorangestellten Erläuterungen der Herausgeberin immer noch nicht vollständig rekonstruieren, zumal eine entsprechende tabellarische Aufstellung

vorher seine Zentrumsfreunde im Jahre 1933 – vergeblich darauf, daß der prominenteste deutsche Exilpolitiker die Hintergründe seines Sturzes durch Hindenburg aufdecken und gleichzeitig gegen die Hitler-Diktatur Stellung nehmen werde.

Brüning aber schwieg, auch während der Kriegszeit. Selbst durch publizistische Attacken linksstehender Emigranten ließ er sich nicht aus seiner Reserve locken. Sie bildete die Voraussetzung für einen um so aktiveren Einsatz in der Stille zugunsten seines Vaterlands, zugunsten eines „anderen", eines „wahren Deutschlands". Das Ausmaß dieses erst jetzt durch die Briefauswahl-Edition allgemein bekanntgewordenen Einsatzes, auch an privater Hilfstätigkeit, übersteigt alle bisher bekannten vergleichbaren Aktionen anderer Emigranten vor wie nach 1945, auch wenn – bisher jedenfalls – ein meßbarer Erfolg der (in einem anderen Sinne) „politischen" Aktivität zugunsten seines Vaterlands nicht bekanntgeworden ist.

Eine weitere Antwort auf die Herausforderung der harten und demütigenden Emigrationszeit gab Brüning in einer Form, die ihm angemessen schien und die auf die Zukunft berechnet war: Er begann in Diktatform mit der Niederschrift von Erinnerungen über die Epoche seiner Kanzlerschaft. Damit wollte er sich offensichtlich sowohl von einer ihn drückenden Last befreien als auch die erzwungene Untätigkeit sinnvoll nutzen. In späteren Jahren wurde das Verfassen von Denkschriften und nach 1945 dann das Schreiben bzw. Beantworten von Briefen zu einer tagesfüllenden Tätigkeit.

Da der Exkanzler das Manuskript seiner „Memoiren" jedoch nicht veröffentlichte, nahm er in Kauf, jahrzehntelang in seinem Wollen und Handeln mißverstanden zu werden und seine politische Leistung negativ beurteilt zu sehen[12]. Journalistischen Interviewern wich er möglichst aus, fragenden Historikern antwortete er nur in einzelnen Fällen. Seit 1960 schwieg er vollends. Dadurch, daß ihm ein hohes Alter beschieden war, blieb ihm das letzte Wort.

fehlt. Zu klären bleibt auch, wie der Exkanzler bis 1939, vor der Übernahme seiner Professur an der Harvard-Universität, seine zahllosen Reisen innerhalb Europas sowie zwischen Europa und den USA finanziert hat, da er Deutschland ohne Geld verlassen mußte und bis 1936 ausschließlich auf die Gastfreundschaft Dritter angewiesen blieb. Dazu vgl. die Vorbemerkungen von Claire *Nix* zur Briefauswahl für die Jahre 1934 und 1935, in: Briefe I, S. 21, 55; George N. *Shuster*, In Amerika und Deutschland. Frankfurt a. M. 1956, S. 144; Gottfried R. *Treviranus*, Für Deutschland im Exil. Düsseldorf 1973, S. 42, 45.

[12] Vgl. Rudolf *Morsey*, Brüning, ein Staatsmann aus Westfalen, in: Zwischen Ruhrkampf und Wiederaufbau (Beitr. zur neueren Landesgesch. des Rheinlandes und Westfalens, Bd. 5), hrsg. von Walter *Först*. Köln 1972, S. 108f. Am 4. Juni 1947 teilte *Brüning* Johannes Maier-Hultschin mit: „Each of the German memoirs which appears here has a hit against me."

Brüning war es vergönnt – mit zwei Ausnahmen: Gottfried R. Treviranus und Hermann Warmbold –, alle Minister seiner beiden Kabinette zu überleben, ebenso seine prominentesten Kollegen aus der Zentrumspartei (etwa Kaas, Stegerwald und Wirth), aber genauso seine Gegenspieler Hugenberg und Papen, Schacht und Schleicher. Der Exkanzler überlebte ferner – um zwei andere Persönlichkeiten zu nennen, an denen er sich gerieben hat – Pius XII. und Konrad Adenauer. Das bedeutete: Viele von Brünings politischen Mitstreitern und Kontrahenten haben nach 1933 im Exil oder nach 1945 in Deutschland Memoiren veröffentlicht und damit *ihre* Sicht der Dinge und auch der Brüning-Ära dargelegt.

Der Exkanzler hat alle diese Bücher, wie aus seinen noch ungedruckten Briefen unschwer nachzuweisen ist, gekannt. Er hielt jedoch die Flut der Memoiren, gegenteiligen brieflichen Zeugnissen zum Trotz, nicht für bemerkenswert genug, um sie in seinen eigenen Memoiren auch nur zu erwähnen, geschweige denn auszuwerten oder gar zu kritisieren – was zumindest für ihn als hauptberuflichen Universitätsprofessor (seit 1939) nahegelegen hätte. Mit der gleichen souveränen Nichtbeachtung überging Brüning Quelleneditionen und Monographien zur Geschichte der Weimarer Republik. Er allein glaubte sich im Besitz der historischen Wahrheit. Gleichwohl verharrte er lebenslang, wenn auch nach 1945 aus anderen Gründen als vorher, in seinem „Schweigen für Deutschland". Warum, wird noch zu erläutern sein.

Nach dem Erscheinen seiner „Memoiren" ist der alte Streit um Brünings Politik, ihr Scheitern und deren Folgen neu entfacht und gleichzeitig um eine neue Dimension erweitert worden. Dabei ist die Lektüre dieser Erinnerungen wegen ihrer überwiegend glanzlosen Darstellung und ihres Akten-Rapports eine arge literarische Enttäuschung. Das 670 Seiten starke Buch hat infolge mancher Aussagen und Enthüllungen viele der noch lebenden Zeitgenossen Brünings überrascht und verwirrt.

Es mag paradox klingen, einerseits den Memoiren bzw. deren Hauptteil, wie ich es tue, hohen Quellenwert zuzubilligen, andrerseits aber ihre innere Glaubwürdigkeit als problematisch zu bezeichnen. Bevor ich diese scheinbare Paradoxie aufzulösen versuche, möchte ich auf das bereits angedeutete und historiographisch bemerkenswerte Phänomen zurückkommen, wonach der Wahrheitsgehalt dieser Erinnerungen, also ihre *innere Richtigkeit und Stimmigkeit*, bisher noch kaum in Frage gestellt worden ist.

Dafür sind vor allem die folgenden drei Gründe maßgebend gewesen:

Man fühlte sich teils schockiert, teils bestätigt, in jedem Falle aber durch die nicht erwartete und als schonungslos empfundene Kritik und Selbstkritik Brünings entwaffnet.

Sodann registrierte man, nicht wenig betroffen, ein quellenkritisches Versäumnis. Es bestand darin, manche bereits seit 1947 veröffentlichten Ansichten und Urteile Brünings[13] und einzelne Hinweise in der Literatur, aber auch von prominenten Zeitgenossen (wie etwa Gottfried R. Treviranus) nicht genügend ernst genommen zu haben. (Ganz zu schweigen von John Wheeler-Bennetts Hindenburg-Biographie von 1936[14].) Dieses Versäumnis betraf insbesondere die zu geringe Beachtung der national-konservativen, ja, monarchistischen Grundhaltung und Zielsetzung des Zentrumspolitikers.

Ein dritter Grund für die überraschend unkritische äußere Rezeption der „Memoiren" liegt auf einer ganz anderen Ebene und ist deren Herausgeber bzw. Mitherausgeber – das wird aus dem „Nachwort" nicht ganz deutlich – Theoderich Kampmann anzulasten. Dieser emeritierte Münchner Religionspädagoge hat zwar den „Memoiren" ein sechsseitiges, überaus fehlerhaftes „Nachwort" angefügt (S. 681ff.), aber sämtliche Fragen, die die Genesis und Publikation des Manuskripts betreffen, nicht beantwortet. Stattdessen heißt es nur, die „langwierige Geschichte" der posthum veröffentlichten Erinnerungen Brünings darzustellen, sei „hier nicht der Ort" (S. 686)[15].

Bereits fünf Wochen nach dem Erscheinen des Buches verschickte die Deutsche Verlags-Anstalt eine eineinhalb Schreibmaschinenseiten umfassende Darstellung über die Entstehung des Manuskripts und dessen Druckfassung an ausgewählte Adressaten und auch an die Presse; diese Darstellung ist, soweit mir bekannt, bisher nicht veröffentlicht worden; sie ist im übrigen unvollständig und teilweise ungenau bzw. fehlerhaft[16]. Zudem übergeht diese Darstellung so entscheidende Fragen wie die nach den Quellen und Materialien, die Brüning bei seiner Niederschrift zur Verfügung standen, und nach den Gründen, die den Verfasser bewogen haben, sein Manuskript – dessen

[13] Vor allem in seinem Vortrag von 1946 „The Statesman" in Chicago (gedr. in: The Works of the Mind, hrsg. von Robert B. *Heywood.* Chicago 1947, S. 93ff., wiederabgedruckt nach der dt. Übersetzung in Polit. Vierteljahresschr. 6, 1965, S. 325ff., in: Heinrich *Brüning*, Reden und Aufsätze eines deutschen Staatsmanns, hrsg. von Wilhelm *Vernekohl* [†] unter Mitwirkung von Rudolf *Morsey.* Münster 1968, S. 189ff.) sowie in einem Brief vom 17. April 1947 an Rudolf Pechel (Dt. Übersetzung in: Deutsche Rundschau 70, 1947, H. 7, S. 1ff.; abgedr.: ebd., S. 224ff. Nach diesem leichter zugänglichen Abdruck wird der Brief künftig zitiert).

[14] Hindenburg. The Wooden Titan. London, New York 1936. Neuausgabe London 1967. Deutsche Übersetzung Tübingen 1969. Dazu vgl. Werner *Conze,* Brüning als Reichskanzler, in: Histor. Zs. 214, 1972, S. 330.

[15] Am 21. Dezember 1970 hat Claire *Nix* (Norwich/Vermont) Josef Hofmann (Aachen) mitgeteilt, Kampmann wolle später eine „ausführlichere Geschichte der Veröffentlichung" der Memoiren schreiben. Diese Darstellung ist bisher nicht erschienen.

[16] Einzelne Angaben aus dieser Verlagsdarstellung werden in Kap. II, 2 „Niederschrift in Etappen" berücksichtigt.

Publikation er seit 1938 dutzende Male angekündigt hat – zu Lebzeiten nicht aus der Hand zu geben.

Verständlicherweise konnte oder wollte der Verlag in dieser seiner Mitteilung auch nicht eine weitere naheliegende Frage stellen und beantworten: Warum verzichtete der Exkanzler, abgesehen von einem Vorschuß auf das Honorar nach Abschluß des Verlagsvertrags im Frühjahr 1955, durch seine Zurückhaltung des Manuskripts auf die zu erwartenden hohen Einnahmen zugunsten seiner beiden Erbinnen: einem Patenkind in Münster und Claire Nix.

Auffallenderweise fehlen in der Briefauswahl-Edition zwei für diesen Zusammenhang inhaltsreiche Schreiben, eines vom 10. Februar 1941, in dem Brüning seinem Freunde George N. Shuster mitteilte, daß er das Honorar für seine Memoiren dreien seiner Patenkinder zukommen lassen wolle[17], und eines vom 29. August 1951, in dem er Johannes Maier-Hultschin gegenüber seine Hoffnung äußerte, von dem Erlös seiner Memoiren „bis an das Ende meiner Tage" leben zu können[18]. Es ist bekannt und vielfach bezeugt, daß Brünings Lebensstil außergewöhnlich bescheiden war und daß er während des Krieges mit großen finanziellen Opfern deutsche Emigranten in den USA unterstützt hat, während er nach 1945 unter ebenso großen Opfern Lebensmittelsendungen an Freunde und Bekannte in der Heimat schickte.

Ohne Klarheit über die Quellen- und Materialgrundlagen sowie die Entstehung der Memoiren bzw. ihrer verschiedenen Teile und ohne Kenntnis über die Zusammenstellung und Bearbeitung des Druck-Manuskripts nach Brünings Tod ist es schlechterdings nicht möglich, seine Erinnerungen als Geschichtsquelle zu beurteilen und den Maßstäben historischer Kritik zu unterwerfen. Infolgedessen gilt es, zunächst die erforderlichen Informationen zu vermitteln.

III. Genesis und Publikation der Memoiren

1. Zur Quellen- und Materialgrundlage

a) Die „Tageszettel"

Über die Quellen- und Materialgrundlage der „Memoiren" enthält das Vorwort Brünings einige Hinweise, das Nachwort der Herausgeber gar keine. Der Verfasser nennt zwei Arten von Quellen für die Darstellung über

[17] Später (1955) änderte Brüning sein Testament. S. Anm. 61.
[18] Bundesarchiv Koblenz, Nachlaß Maier-Hultschin, Nr. 5.

die Zeit seiner Reichskanzlerschaft (um die es hier vor allem geht): die „Tageszettel" aus der Reichskanzlei und eine Reihe von nicht näher umschriebenen „wichtigsten Aktenstücken". Diese Unterlagen seien ihm im Herbst 1934 durch „treue Freunde unter großer eigener Gefahr" (S. 11) in sein damaliges Schweizer Exil gebracht worden.

Aus unerfindlichen Gründen verschweigen Verfasser und Herausgeber die Namen dieser „treuen Freunde", obwohl das Vorwort etwa aus der Mitte der fünfziger Jahre stammt[19] und niemanden mehr gefährden konnte. Es war im übrigen offensichtlich nur ein einziger Freund: Brünings früherer Kollege in der Zentrumsfraktion, der heute 87jährige, in Oldenburg lebende niedersächsische Staatsminister a. D. August Wegmann. Er kannte nicht den Inhalt des Aktenpakets, das er 1934 unter Gefahr von Leib und Leben überbrachte[20].

Den Hauptteil dieses Pakets dürften die „Tageszettel" aus der Reichskanzlerzeit ausgemacht haben, angelegt von dem früheren Staatssekretär in der Reichskanzlei, Hermann Pünder. „Glücklicherweise", so schrieb Brüning im Juni 1947 einmal an Pünder, „habe ich die ‚Tageszettel' und ein gutes Gedächtnis"[21].

Das letztere bedarf kritischer Prüfung, und zwar nicht nur deswegen, weil Brüning einige Jahre später dem gleichen Adressaten Pünder gegenüber darüber klagte, daß er sich bezüglich der Schilderung einer für ihn besonders wichtigen politischen Angelegenheit aus dem Spätjahr 1931 „vergeblich bemühe", sein Gedächtnis „wieder aufzufrischen"[22]. Wiederholt kündigte der Exkanzler seinem ehemaligen Staatssekretär Pünder an, daß er gelegentlich (weitere) Fragen an ihn richten möchte „zur Kontrolle meines Gedächtnisses und meiner Aufzeichnungen"[23]. In den „Memoiren" selbst findet sich (mindestens) achtmal (S. 103, 164, 218, 237, 313, 315, 410, 511) der Hinweis, „wenn ich mich nicht irre" (oder ähnlich). Einmal heißt es, „ich bin heute nicht mehr sicher ..." (S. 542). Ob die Tageszettel noch im Nachlaß Brü-

[19] Auf die Entstehung bzw. Niederschrift dieses „Vorworts" geht die Darstellung des Verlags über die Genesis des Manuskripts Brünings (s. Anm. 16) nicht ein.

[20] Mündliche Auskünfte von Herrn Staatsminister a. D. August *Wegmann*, Zentrumsabgeordneter des Reichstags von 1924–1933 und Fraktionsgeschäftsführer.

[21] Bundesarchiv Koblenz, Nachlaß Pünder, Nr. 673.

[22] 4. Mai 1954; ebd. Am 18. Juni 1956 schrieb *Brüning* an Franz Sontag, einen früheren rechtsstehenden Publizisten (Pseudonym: Junius Alter): „Es ist doch merkwürdig, wie sehr das Gedächtnis viele Menschen täuscht nach solchen kritischen Zeiten." Bundesarchiv Koblenz, Nachlaß Alter, Nr. 15.

[23] So am 10. November 1949. Pünder gehörte zu denjenigen im Vorwort der „Memoiren" (S. 11) namentlich genannten Persönlichkeiten, mit denen Brüning Teile seines Manuskripts bei „gelegentlichen Besuchen" in der Zeit nach 1935 (offensichtlich in Holland) „eingehend durchgesprochen und auf ihre Korrektheit geprüft" hat.

nings vorhanden sind, ist in der Darstellung der Deutschen Verlags-Anstalt über die Entstehung der „Memoiren" nicht erwähnt.

Nun existiert jedoch ein Durchschlag dieser Quelle im Bundesarchiv in Koblenz[24]. Daraus geht hervor, daß es sich dabei *nicht* etwa, wie einige Rezensenten der „Memoiren" kurzschlüssig gemutmaßt haben, um eine Art Tagebuch handelt. Die losen Tageszettel dienten vielmehr (nur) als Terminkalender für den Reichskanzler. Sie existieren im übrigen, was Brüning in seinem „Vorwort" auch erwähnt (S. 11), erst vom Januar 1931 an und fehlen damit für das entscheidende erste Drittel der Kanzlerschaft. Nach diesem „Vorwort" hat Pünder auf diesen Tageszetteln „täglich alle Besuche, Verhandlungen und Vorgänge" eingetragen (ebd.). Das ist jedoch nachweislich nicht der Fall, da der Staatssekretär gar nicht von allen Besuchen und Verhandlungen erfuhr, weil der Reichskanzler – wie er selbst detailliert schildert – zahlreiche geheim gehaltene Besprechungen außerhalb der Reichskanzlei geführt hat (vgl. etwa S. 420, 461, 571, 583). Auch hat Pünder den Kanzler nicht auf allen Reisen begleitet. Ferner sind anderwärts belegte Verhandlungen des Kanzlers, etwa im Reichstagsgebäude, oder seine Teilnahme an Sitzungen der Zentrumsfraktion und ihres Vorstands, nicht verzeichnet, im übrigen zahlreiche wichtige Gespräche in den „Memoiren" nicht datiert.

Nur selten finden sich in dem Durchschlag der Tageszettel Stichworte über die Themen der Besprechungen, noch seltener Vermerke über deren Verlauf oder Ergebnis. Dem Vorwort seiner „Memoiren" zufolge hat Brüning *sein* Exemplar dieses Terminkalenders mit „kurzen stenographischen Notizen" ergänzt (S. 11). Ob das kontinuierlich und mit mehr als Stichworten geschehen ist, wäre ebenso noch zu klären wie zwei weitere Fragen: Enthalten diese seine eigenhändigen Zusätze auch wörtliche Rede und Gegenrede, wie sie sich in den „Memoiren" an mehr als 50 Stellen findet? Und ferner: Ist in diesen Notizen etwa auch der im Buch wiederholt beschriebene wechselnde Gesichtsausdruck seiner jeweiligen Gesprächspartner festgehalten?

Schließlich interessiert den Historiker: Welche Passagen sind aus den Tageszetteln *nicht* oder nicht vollständig bzw. verändert übernommen worden? An einer Stelle seiner „Memoiren" gesteht Brüning ausdrücklich ein, er sei für die Schilderung eines bestimmten Zusammenhangs auf sein Gedächtnis angewiesen, „da hier der Tageszettel Unrichtiges oder Ungenaues in Stichworten wiedergibt" (S. 315). In diesem Zusammenhang bleibt weiter

[24] Nachlaß Pünder, Nr. 43, 44: „Tagesnotizen für Reichskanzler und Staatssekretär über Empfänge und Besprechungen, Vorträge, Besuche von Veranstaltungen und Reisen des Reichskanzlers."

zu klären, ob die Darstellung Brünings über seine Kanzlerschaft für die Zeit vom April bis Dezember 1930, für die dem Autor keine Tageszettel zur Verfügung standen, in bezug auf sachliche Zuverlässigkeit und detaillierte Wiedergabe von der Schilderung der folgenden fünfzehn Monate abweicht.

Die Vermutung liegt nahe, daß (wichtige?) Vorgänge in den Tageszetteln entweder fehlen oder aber von dort gar nicht oder ungenau übernommen worden sind; denn in Briefen Brünings werden Vorgänge berichtet, die in den „Memoiren“ fehlen. Ich möchte das an drei Fällen illustrieren. So ist in den Erinnerungen (erstens) nicht die Rede von dem angeblich entscheidenden Anteil des Staatssekretärs im Reichsfinanzministerium (bis 15. Mai 1932) Hans Schäffer an Brünings Sturz als Reichskanzler[25] und dem bei anderer Gelegenheit ebenfalls als gravierend geschilderten Anteil des Generals v. Blomberg[26].

So fehlt (zweitens) jeder Hinweis auf die Rolle, die eine militärische Beurteilung des Majors Oskar v. Hindenburg aus dem Sommer 1917 bei eben diesem Sturz 1932 gespielt hat. Dieses vernichtende militärische Zeugnis war vom Leutnant d. R. Brüning im Auftrag seines Kommandeurs Hauptmann Martienßen – der dafür strafversetzt wurde – geschrieben, aber von Martienßen unterschrieben worden[27]. Es wurde 1932 im Reichsarchiv aufgefunden[28] und vermutlich via Schleicher dem Reichspräsidenten zugespielt, der es

[25] So am 14. Mai 1957 an Friedrich Stampfer (Archiv der sozialen Demokratie, Bonn-Bad Godesberg, Nachlaß Stampfer) und vom 4. August 1958 an Hans v. Raumer. Dazu vgl. Eckhard *Wandel*, Hans Schäffer. Stuttgart 1974, der eine Abkühlung des Verhältnisses von Brüning und Schäffer seit 1931 registriert, S. 143f. Vgl. ferner bes. S. 207, 227, 229: „Es fällt bei diesen Vorwürfen [Brünings, wonach Schäffer für seinen Sturz verantwortlich sei] jedoch auf, daß diese erst nachträglich erhoben wurden, als das Gedächtnis Brünings schon stark beeinträchtigt war.“

[26] 17. April 1957 an Rudolf Pechel, Druck (s. Anm. 13) S. 260. Noch deutlicher in Schreiben vom 16. März 1955 und 10. April 1957 an Athos v. Schauroth, Brünings Kommandeur 1917/18.

[27] In einem Schreiben vom 16. März 1955 an Athos v. Schauroth hieß es, er habe schließlich nur dadurch gestürzt werden können, daß man Hindenburg den Bericht von Hauptmann Martienßen vorgelegt habe, den er, Brüning, auf Befehl geschrieben habe. Darin sei eine „indirekte Kritik des Einsatzes der Hannoverschen Division [Generalstabsoffizier: O. v. Hindenburg] als Reserve am Neuviller Kopf in der Chemin des Dames-Schlacht 1917“ enthalten gewesen. Am 18. Juli 1957 bezeichnete es Brüning gegenüber J. Maier-Hultschin als „Unglück“, daß „man“ 1932 seine „auf Befehl“ geschriebene Beschwerde gefunden und dem Reichspräsidenten in die Hände gespielt habe.

[28] Schleicher (oder andere Mitglieder der Umgebung des Reichspräsidenten) waren offensichtlich dadurch auf den Fundort aufmerksam geworden, daß Rüdiger Robert *Beer* in seiner Brüning-Biographie, Berlin 1931, Auszüge aus Brünings Kriegstagebuch (Maschinengewehr-Scharfschützen-Abteilung 12) vom August 1918 mit der Angabe „Reichsarchiv“ veröffentlicht hatte (S. 19ff.). Beers Biographie erreichte bis 1932 vier Auflagen. Auf diese Berichte wies auch Alphons *Nobel* in seiner Brüning-Biographie von 1932 (Leipzig) hin (S. 14), ebenfalls unter Bezug auf das Reichsarchiv. Am 20. Januar 1956

bei Brünings demütigender Entlassungszeremonie am 30. Mai 1932 dem Kanzler mit den Worten präsentierte: „Und nun auch dies noch!"[29]

Schließlich wird (drittens) in den „Memoiren" die mangelnde Bereitschaft der Wirtschaft kritisiert, 1932 den Hindenburg-Wahlkampf finanziell zu unterstützen (S. 531), während der Exkanzler später detaillierte Angaben über die spendenfreudigsten Personen, Konzerne und Firmen machte[30].

Der häufige Rückgriff Brünings auf die „Tageszettel" als Gerüst für die Darstellung des größten Teils der Kanzlerschaft erklärt den trockenen Aktenstil mancher Abschnitte mit ihrer oft pedantischen Reihung der Ereignisse unter Verzicht auf jegliche Reflexion. Auch wenn ich nicht so weit gehe wie Wilhelm Treue, dessen „Memoiren"-Rezension die Überschrift trägt: „Tageszettel eines Enttäuschten"[31], so dürfte die Problematik dieser zentralen Quelle deutlich genug geworden sein.

b) „Aktenstücke"

Wie verhält es sich mit der zweiten Quelle, der in Brünings Vorwort genannten „Reihe von wichtigsten Aktenstücken" (S. 11)? Nach späteren Angaben waren es Briefe von Hindenburg „und viele andere Briefe und Aufzeichnungen". Die Hindenburg-Originale „mit anderen Briefen" wurden 1944 in einem Badehaus seiner Freunde Anderson in der Nähe von London durch eine deutsche V 1-Bombe vernichtet[32]; andere Teile seiner Korrespondenz sind nach dem deutschen Einmarsch in Holland „größtenteils" verlorengegangen[33]. (Weitere Akten, die in der Heimat verblieben und bei

schrieb *Brüning* an Beer, er würde ihm gern einmal mündlich berichten, „welchen Einfluß Ihre Veröffentlichung meiner Berichte im Kriege auf die Vorgänge bei meinem Sturz gehabt hat". Dem Vorwort von *Brünings* „Memoiren" zufolge (S. 11) hat er seine „Notizen" für das Kriegstagebuch retten können und darauf die Darstellung seiner Erlebnisse im Jahre 1918 aufgebaut.

[29] Mündl. Mitteilung *Brünings* gegenüber Athos v. Schauroth (Nachfolger von Hauptmann Martienßen), der diese Äußerung in einer nicht datierten Aufzeichnung zur Erläuterung von zwei Briefen Brünings vom 16. März 1955 und 4. April 1958 festgehalten hat. Vgl. auch die entsprechende, allerdings etwas anders akzentuierte und falsch datierte Darstellung bei Gottfried R. *Treviranus,* Das Ende von Weimar. Düsseldorf 1968, S. 153.

[30] So am 6. Mai 1948 an Bernhard Schwertfeger. Bundesarchiv Koblenz, Nachlaß Schwertfeger. Ähnlich im Januar 1949 an Tilo Frhr. v. Wilmowsky; vgl. den Briefabdruck bei G. R. *Treviranus,* Das Ende von Weimar, S. 297f. Weitere Angaben auch bei Günther *Gereke,* Ich war königlich-preußischer Landrat. Berlin(-Ost) 1970, S. 184, sowie Klaus *Dobrisch,* Flick und die Nazis, in: Zs. für Geschichtswiss. 14, 1966, S. 380.

[31] In: Deutsches Allgemeines Sonntagsblatt vom 13. Dezember 1970.

[32] So am 18. Juli 1957 an Hans v. Raumer. Briefe II, S. 430.

[33] 18. Juni 1956 an Franz Sontag.

Hermann Dietrich sichergestellt waren, fielen der Bombeneinwirkung in Deutschland zum Opfer[34], andere waren bereits 1933 oder 1934 in Berlin vor einer „bevorstehenden Haussuchung“ [S. 650] vernichtet worden[35].)

Nun ist es relativ leicht, Umfang und Bedeutung der von Brüning benutzten Aktenstücke abzuschätzen; denn in den „Memoiren“ sind nur *sechs* kurze Stücke abgedruckt. Drei von ihnen stammen von Hindenburg. Ferner sind aufgenommen: sechs Zeilen aus einer „Feststellung“ des österreichischen Bundeskanzlers Schober von Mitte April 1930 über die deutsch-österreichische Zollunion (S. 269), zwei Sätze aus einem Brief des Pariser Botschafters Leopold v. Hoesch an Ministerialdirektor Keopke im Auswärtigen Amt vom 18. Mai 1932 (S. 592) und sieben Sätze aus einem Schreiben des Berner Gesandten Adolf Müller vom 21. Mai 1932 an Brüning (ebd.).

Bei den drei Aktenstücken Hindenburgs handelt es sich um einen Tagesbefehl des Feldmarschalls vom 1. Oktober 1918 (S. 24), ein Schreiben des Reichspräsidenten an den Reichskanzler vom 28. Januar 1932 (S. 518f.) und eines an den Exkanzler vom 28. März 1933 (S. 661f.).

Nun läßt sich nachweisen, daß der Wortlaut des kurzen Tagesbefehls von 1918 – aus dem Rüdiger Robert Beer bereits 1931 in seiner Brüning-Biographie einen Auszug veröffentlicht hatte[36] – Brüning erst im Dezember 1953 zugänglich gemacht worden ist, und zwar von seinem früheren Abteilungskommandeur Generalleutnant a. D. Athos v. Schauroth[37]. Mit ihm führte der Exkanzler einen detaillierten Briefwechsel über ihre gemeinsamen Kriegserlebnisse von 1917/18, deren Ergebnisse allerdings in der Darstellung der „Memoiren“ nur partiell aufgenommen worden sind. Darin hat Brüning übrigens diesen Kommandeur zwar mehrere Male erwähnt, nicht aber namentlich genannt[38].

Von den beiden zitierten Schreiben des Reichspräsidenten an Brüning von 1932 und 1933 ist das erstere bereits 1953 in der Hindenburg-Biographie

[34] 17. Januar 1947 an Hermann Dietrich.

[35] Ferner hat *Brüning* 1952, vor seiner Übersiedlung nach Köln zur Übernahme der Professur, in den USA einen Teil seiner Korrespondenz „von 13 Jahren“ selbst vernichtet. Vgl. Briefe II, S. 312. Ein Faszikel mit Glückwünschen zur Wahl Brünings als Vorsitzender der Zentrumsfraktion am 5. Dezember 1929 – darunter auch einem Glückwunschschreiben von Adenauer – vgl. R. *Morsey*, Brüning (s. oben Anm. 12), S. 93 – fand sich im Nachlaß Treviranus. Freundl. Hinweis von Herrn Dr. Friedrich *Frhr. Hiller v. Gaertringen.*

[36] S. 17.

[37] Das geht aus einem Schreiben *Brünings* vom 4. Januar 1954 an Athos v. Schauroth hervor.

[38] Dafür taucht sein Name im Register auf (S. 708), allerdings nur mit zwei (statt fünf) Seitenzahlen versehen. In den Briefen II, S. 143, fehlt bei Schauroth eine sonst übliche Kurzbiographie.

von Walter Görlitz kurz erwähnt[39], das letztere hingegen bereits 1936 in John W. Wheeler-Bennetts Hindenburg-Biographie „The Wooden Titan" veröffentlicht worden[40]. Diese Biographie beruhte teilweise auf Informationen Brünings, der im übrigen auch die Fahnenkorrektur gelesen (und korrigiert?) hatte[41]. Daraus erklären sich zahlreiche (wörtliche) Zitate[42], die auch in den „Memoiren" Brünings wiederkehren. An drei Stellen scheint der Exkanzler Horkenbachs Jahresübersicht von 1931 benutzt zu haben[43].

Damit läßt sich auf Grund nachprüfbarer Angaben die folgende *quellenkundliche Zwischenbilanz* ziehen: Abgesehen von den „Tageszetteln" für 1931 und 1932 ist die Quellen- und Materialgrundlage für die Darstellung der 26monatigen Kanzlerschaft – die 70% des Umfangs der „Memoiren" ausmacht (516 von insgesamt 679 Seiten) – außergewöhnlich schmal. Brüning hat sie nach 1945 kaum erweitert, offensichtlich auch nicht durch systematische Auswertung des „Economist", der „Frankfurter Zeitung" und der inzwischen veröffentlichten Berichte des britischen und des amerikanischen Botschafters aus Berlin, wie er verschiedentlich in Briefen andeutete[44].

[39] Bonn 1953, S. 356. Zu dieser Biographie vgl. folgende Äußerung *Brünings* vom 20. Oktober 1956 gegenüber Johannes Maier-Hultschin als Ergebnis seiner Lektüre der „gewaltigen Literatur": Görlitz behaupte, „daß seine Darstellung über die Gründe meiner Entlassung eine endgültige sei, aufgebaut auf dem Hausarchiv der Familie Hindenburg. Er wird sich wundern!"

[40] Dt. Ausgabe, Tübingen 1969, S. 454. Ein Konzept oder Durchschlag dieses Briefes konnte in den einschlägigen Akten des Deutschen Zentralarchivs in Potsdam (laut Auskunft des Archivs) nicht gefunden werden. Nach J. *Wheeler-Bennett,* The End of the Weimar Republic (s. Anm. 10), S. 367, war dieser Brief Hindenburgs von 1933 das einzige Dokument, das Brüning bei sich trug, als er 1934 Deutschland verließ. Von *Wheeler-Bennett* wie später, 1968, auch von G. R. *Treviranus* sind eine ganze Reihe von Äußerungen Brünings teilweise wörtlich zitiert worden, die in dessen „Memoiren" wiederkehren.

[41] Am 6. Mai 1948 teilte *Brüning* Bernhard Schwertfeger mit, er habe Wheeler-Bennett zur Änderung einiger Mißverständnisse bewegen können, allerdings nicht zu einer Änderung seiner Ansicht über die Haltung der Armee und des alten Adels im Osten sowie über die Pläne Schleichers und Papens. Ähnlich am 26. August 1952 an Johannes Maier-Hultschin: Er habe das Manuskript von Wheeler-Bennett „stark abgemildert". Dazu vgl. J. *Wheeler-Bennett,* The End of the Weimar Republic, S. 369, wonach Brüning die Fahnenkorrektur gelesen, aber nur um eine einzige Änderung ersucht habe (die nicht erfolgt sei): „He thought I had been too unkind to Kurt von Schleicher!"

[42] Im Vorwort zur deutschen Neuausgabe hat J. W. *Wheeler-Bennett* ausdrücklich auf seine Informanten, darunter als wichtigste Brüning und Treviranus, hingewiesen; S. 13ff. Am 9. April 1955 schrieb *Brüning* an Athos v. Schauroth, daß ihm Wheeler-Bennett während der Kanzlerschaft durch Bücher über die Reparations- und Abrüstungsfrage „sehr viel geholfen" habe.

[43] Das Deutsche Reich von 1918 bis heute, hrsg. von Cuno *Horkenbach.* Jahrgang 1931. Berlin 1932, S. 438, 463, 491.

[44] Am 6. August 1951 an Hermann Pünder und am 1. Oktober 1953 an Johannes Maier-Hultschin.

Hingegen bezog er, wie bereits erwähnt, andere Quellen, geschweige denn Darstellungen über die Zeit seiner Kanzlerschaft *nicht* ein. Das gilt für den von ihm während der Zeit seiner Kölner Professur durchgesehenen Bestand der Protokolle über die Sitzungen der Reichstagsfraktion des Zentrums und dessen Fraktionsvorstand von 1926–1933[45] genauso wie für Teileditionen von Reichswehr-Akten, wie sie (z. B. von Dorothea Groener-Geyer, Otto-Ernst Schüddekopf und Thilo Vogelsang) bereits Mitte der fünfziger Jahre vorlagen; es gilt aber ebenso von Publikationen aus den Nachlässen Schleicher und Groener, die Brünings amerikanische Kollegen Gordon Craig und Reginald Phelps bereits Anfang der fünfziger Jahre veröffentlicht hatten. Nur ein einziges Memoiren-Werk hat Brüning einer (lobenden) Nennung für würdig befunden: das von General Walther v. Lüttwitz, dem Initiator des Kapp-Putsches von 1920 (S. 38)[46].

Aus der souveränen Art, in der Quellen und Literatur nicht beachtet bzw. nicht eingearbeitet worden sind, erklären sich manche Fehler oder Ungenauigkeiten Brünings in der Datierung wie in der Schilderung und Einordnung von Zusammenhängen[47]. Die später entstandenen Kapitel, die seine Tätigkeit in der Zeit vor und nach seiner Reichskanzlerschaft behandeln, für die Brüning so gut wie keine Unterlagen herangezogen hat, lassen mehrere, sich überlagernde Schichten erkennen und weisen bemerkenswerte Ungleichmäßigkeiten auf.

2. *Niederschrift in Etappen*

Damit komme ich zur Beantwortung der eingangs gestellten nächsten Frage: Wann sind die „Memoiren" bzw. deren einzelne Kapitel entstanden, in welcher Form sind sie nach dem Tode des Verfassers vorgefunden und publiziert worden?

[45] Bearbeitet von Rudolf *Morsey*. Mainz 1969. Vgl. Einleitung S. XIX. Das Original der Protokolle war Brüning von August Wegmann zugänglich gemacht worden. Der Exkanzler hat daraus 1955 umfangreiche Exzerpte auf Tonband diktiert. Schreiben *Brünings* vom 30. Juli 1955 an Frau Anni Eckert (Witwe des Kölner Professors Christian Eckert, des Mitgründers der Universität Köln), bei der Brüning in Köln von 1952–1955 gewohnt hat und der ich neben anderen Auskünften für genaue Angaben über Brünings Aufenthalte in Köln in diesen Jahren dankbar bin.

[46] Im Kampf gegen die November-Revolution. Berlin 1934.

[47] Beispiele dafür sind in einigen Rezensionen aufgeführt. Vgl. vor allem die Aufstellung bei Ernest *Hamburger*, Betrachtungen über Heinrich Brünings Memoiren, in: Internat. wiss. Korrespondenz zur Gesch. der deutschen Arbeiterbewegung 15, 1972, S. 37, Anm. 45, sowie die mannigfachen Korrekturen an Brünings Darstellung und Einschätzung von Kaas, Pacelli, dem Reichskonkordatsabschluß und dem Ende der Zentrumspartei bei Ludwig *Volk*, Das Reichskonkordat vom 20. Juli 1933. Mainz 1972, passim.

Der entscheidende Teil des Manuskripts über die Zeit von 1929/30–1934 war im wesentlichen bereits 1935 fertiggestellt. Dessen Diktat hatte Brüning, was er in seinem Vorwort nicht erwähnt, im August 1934 in London begonnen – diese Fassung bezeichne ich als A_1[48], ohne daß bisher bekannt ist, um welchen Teil des späteren Manuskripts es sich dabei handelte und ob dieser Teil (was anzunehmen ist) in englisch diktiert worden ist[49]. Sicher ist, daß der weitaus größte Teil des Diktats der Memoiren anschließend (bis März 1935)[50] im Hause des österreichischen Bankiers Erwin Brettauer in Melide in der Schweiz erfolgt ist.

Geschrieben wurde dort die unmittelbar in die Maschine diktierte Erstfassung (engzeilig, ohne Durchschlag) von Frau Gisela v. Alvensleben (Fassung A_2)[51]. Deren Tochter hat anschließend bis 1936 eine besser lesbare Abschrift (B_1) – in der Brüning stilistische Verbesserungen vornahm – mit einem Durchschlag angefertigt (C_1). Diese Abschrift konnte allerdings aus noch unbekannten Gründen nicht ganz fertiggestellt werden[52]. Neben einzelnen Passagen fehlt darin die Darstellung über Brünings Tätigkeit nach seinem Sturz; darüber hinaus enthält die Fassung C_1 weitere Lücken[53].

[48] Dazu vgl. J. *Wheeler-Bennett*, The End of the Weimar Republic, S. 370: „Brüning began to dictate his memoirs to my secretary in my flat in London." Den Beginn des Diktats in London hat *Brüning* auch in einem Schreiben vom 2. Oktober 1952 an Johannes Maier-Hultschin erwähnt. In einer Anmerkung von Claire *Nix* (in: Briefe I, S. 64, Anm. 1 zur Tagebuchnotiz vom 18. März 1935) heißt es, die Niederschrift sei „im August 1934 in London" begonnen worden; von Wheeler-Bennett ist keine Rede. In der Darstellung der Deutschen Verlags-Anstalt über die Entstehung der „Memoiren" vom Dezember 1970 (vgl. Anm. 16) wird der Beginn des Diktats in London nicht erwähnt. Diese Darstellung geht von drei Fassungen (A, B, C) aus, ohne deren Varianten deutlich genug voneinander abzuheben und deren Entstehungszeit anzugeben.

[49] Es ist möglich, daß es sich um die Schilderung von Brünings Erlebnissen vor Übernahme der Kanzlerschaft handelte.

[50] Vgl. seine Tagebuchnotiz dieses Tages. Briefe I, S. 64.

[51] Leserbrief von Frau *v. Alvensleben*, in: Publik (Frankfurt a. M.) vom 24. April 1970 sowie schriftliche Auskünfte an mich.

[52] In einem Schreiben von Claire *Nix* an Josef Hofmann (Aachen) vom 21. Dezember 1970 war die Vermutung ausgesprochen worden, daß diese Abschrift wegen Brünings Reisen nicht fertiggestellt worden sei. An anderer Stelle hingegen erklärte Claire *Nix*, „erhebliche Teile" habe Brüning „aus Sicherheitsgründen" nicht abschreiben lassen (Briefe I, S. 64 Anm. 1). In der Darstellung des Verlags zur Entstehungsgeschichte der Memoiren hieß es, die Abschrift sei nicht vollständig, „vermutlich weil die Schreibarbeit mehrfach unterbrochen werden mußte". In dieser Darstellung ist fälschlicherweise davon die Rede, Brüning habe in Melide „zwei" (namentlich nicht genannten) „deutschen Frauen" in die Maschine diktiert.

[53] In einem Brief *Brünings* vom 7. November 1935 (geschrieben auf der Überfahrt nach London) an Gisela v. Alvensleben hieß es, er sei „herzlich froh, daß nun mehrere gut geschriebene Exemplare für alle Fälle existieren". Der Durchschlag (C_1) ist von Brüning bei Msgr. Patrick Barry im Priesterseminar in Huntington bei New York deponiert und von Barry 1969 dem Autor zurückgegeben worden.

In dem Manuskript A_2 hat Brüning dann später in den USA zu verschiedenen Zeiten (offensichtlich seit 1947) zahlreiche Ergänzungen und Korrekturen angebracht. In dieser neugestalteten Fassung (A_3) finden sich auch (im einzelnen bisher nicht bekannte) Korrekturvorschläge von Johannes Maier-Hultschin[53a].

Ein Teil dieser letzteren wurde zusammen mit den Ergänzungen und Korrekturen Brünings später, vermutlich seit 1951, von Brüning und teilweise von Claire Nix in die (besser lesbare Manuskript-)Abschrift B_1 übertragen. (Sie war bis dahin von Brüning durch Vermittlung von George N. Shuster in der Bibliothek der Columbia-Universität in New York deponiert gewesen[53b].) Auf diese Weise entstand eine weitere Fassung (B_2) mit neuen Ergänzungen, Änderungen und Streichungen des Autors; hinzu kam eine Reihe von neu und teilweise (oder vollständig?) C. Nix in englisch diktierten Passagen, die (zu welchen Teilen?) im Stenogramm verblieben und erst nach Brünings Tod in Langschrift übertragen und übersetzt worden sind.

Damit existierten in den fünfziger Jahren *zwei* vom Verfasser unterschiedlich bearbeitete Manuskriptfassungen: A_3 und B_2, wobei nur die erstgenannte auch die Darstellung der Erlebnisse Brünings in der Zeit *nach* seinem Sturz als Reichskanzler enthielt. In diesen Jahren hat der Exkanzler, offensichtlich auf Grund früherer (Londoner?) Vorarbeiten, die Schilderung seiner Erlebnisse von 1918–1929/30 vervollständigt (so daß ein neuer Teil D_1 entstand), wobei ihm die Darstellung der Ereignisse von 1923 die „größte Mühe“ machte[54]. Diktiert wurden entsprechende Passagen zum Teil während seines Aufenthalts in Köln. Dieser Teil ist dann von Brüning (wann?) erheblich gekürzt worden.

Nach einem Schreiben Brünings an Heinrich Dräger vom 23. September

[53a] Nach der Verlagsdarstellung (s. Anm. 16) waren diese Vorschläge „rein sprachlicher Art“. Dort ist nicht angegeben, wann (und wo) Maier-Hultschins Korrekturen erfolgt sind und welchen Umfang sie ausmachen.

[53b] Vgl. George N. *Shuster*, Dr. Bruenings Sejourn in the United States, in: Staat, Wirtschaft und Politik in der Weimarer Republik. Festschrift für Heinrich Brüning zum 80. Geburtstag, hrsg. von Ferdinand A. *Hermens* und Theodor *Schieder*. Berlin 1967, S. 456.

[54] Vgl. sein Schreiben vom 5. September 1947 an William Yandell Elliott. Briefe II, S. 94. Am 1. Oktober 1953 teilte *Brüning* Johannes Maier-Hultschin mit, er habe bereits früher ein umfangreiches Kapitel über die Ereignisse von 1923 diktiert: „Ich hatte es ganz vergessen.“ Dieses Kapitel müsse jetzt auf ein Drittel des Umfangs zusammengestrichen werden. Nach der Darstellung des Verlags über die Entstehungsgeschichte der Memoiren (s. Anm. 16) hat Brüning an diesem Teil (D_1) in den „dreißiger, vierziger und fünfziger Jahren gearbeitet“. Hingegen erklärte Josef *Unland* (während der Kölner Professur Brünings zeitweise dessen Assistent), daß die „einführenden Kapitel“ erst in den fünfziger Jahren entstanden seien. In: Deutsches Monatsblatt H. 11, 1970, S. 36.

1954[55] hat er damals seine Aufzeichnung „zum ersten Male seit 1936 wieder gelesen". Ebenso aufschlußreich ist eine Äußerung vom 26. August 1952 an seinen Vertrauten Johannes Maier-Hultschin, wonach er an der Formulierung des „endgültigen Textes" der „Memoiren" sitze und dabei sei, frühere englische Diktate „mehr faktueller Art zusammenzustreichen und auf einer klaren Gesamtlinie" so zu formulieren, daß dadurch die „spätere Entwicklung als präjudiziert durch frühere Ereignisse erklärt" werde[56].

Offensichtlich hat der Autor 1958 die Arbeit am Manuskript eingestellt. In dem kürzlich erschienenen zweiten Briefauswahl-Band hat Claire Nix erklärt, Brünings zahlreiche Behauptungen – gemeint vermutlich für die Zeit ab 1956 –, er sei mit seinen Memoiren beschäftigt, seien „meistens als Floskel" zu verstehen, „die er in der Absicht gebrauchte, sich von den Fragen der deutschen Tagespolitik zu distanzieren"[57]. Nun sind solche „Behauptungen" Brünings allerdings auch gegenüber Adressaten erfolgt, bei denen derartige „Distanzierungen" kaum nötig waren.

Die verschiedenen Etappen und Unterbrechungen der Niederschrift des Manuskripts, Art und Umfang von dessen Bearbeitung, die Ausweitung durch neue Kapitel sowie die Ungleichmäßigkeiten der Quellen- und Materialgrundlage für die einzelnen Abschnitte erklären den unterschiedlichen Wert einzelner Teile und Schichten der „Memoiren". Deren quellenkritische Würdigung muß ferner beachten, daß die Ergänzung bzw. Bearbeitung in verschiedenen Ländern zweier Kontinente und in verschiedenen Manuskript-Fassungen erfolgt ist.

Nach unseren bisherigen Kenntnissen existiert also – und das ist die Quintessenz für den Historiker – *keine* Manuskriptvorlage, die als eine *klar erkennbare (authentische) End- oder Druckfassung* Brünings angesehen werden kann. In dem von Theoderich Kampmann unterzeichneten Nachwort der „Memoiren" heißt es: Das nach Brünings Tod vorgefundene Manuskript sei von Claire Nix und ihm selbst „unverkürzt und unretouchiert" herausgebracht worden (S. 686). Diese Behauptung trifft ebenso wenig zu wie eine andere, wonach die „Memoiren" die „Daten und Fakten mit protokollarischer Genauigkeit" festhielten „und insofern unwidersprechbar" seien (S. 683)[58].

[55] Gedruckt: Heinrich *Dräger*, Arbeitsbeschaffung und produktive Kreditschöpfung. Düsseldorf [4]1956, S. 125.

[56] Ähnlich hieß es wenige Tage später, am 4. September 1952, gegenüber dem gleichen Adressaten: Er sähe erst jetzt, wieviel er vor fünf Jahren über die Zeit von 1919–1925 englisch diktiert habe; das müsse „zusammengestrichen und präzise auf einer ganz bestimmten durchlaufenden Linie gefaßt werden".

[57] Briefe II, S. 399.

[58] Kampmanns Behauptung, die „Memoiren" seien genau und unwidersprechbar, hat auch Ernest *Hamburger* widersprochen (s. Anm. 47), S. 21.

Claire Nix hat neuerdings in einer versteckten Anmerkung des von ihr 1974 edierten ersten Briefauswahl-Bandes zugegeben, daß Brüning seine Memoiren nicht selbst „für den Druck vorbereitet“ hat[59]. Damit aber tauchen sofort zwei Fragen auf: *Wer* hat diese „Vorbereitung“ getroffen, und nach welchen Kriterien?

3. Bearbeitung und Drucklegung nach Brünings Tod

Die Druckvorlage ist erst nach dem Tode Brünings (30. März 1970) hergestellt worden, und zwar zunächst durch Claire Nix. Sie hat in mehrmonatiger Arbeit[60] aus den eben erwähnten unterschiedlichen Manuskript-Fassungen (A_3, B_2, D_1) – die von ihr wegen zahlreicher Korrekturen Brünings zunächst teilweise neu abgeschrieben worden sind – ein Druckmanuskript vorbereitet[61]. Dabei wurden auch frühere Stenogramm-Diktate und Notizen Brünings berücksichtigt und eingefügt. (Eine Zeitlang scheint Brüning daran gedacht zu haben, das Manuskript seiner Memoiren für die deutsche und die von ihm vorgesehene englische Ausgabe unterschiedlich zu gestalten, „da sich der ganze Text nicht gleichmäßig für Deutschland und andere Länder eignet“[62].)

Das so vorbereitete Druckmanuskript hat der Leiter des Buchverlags der Deutschen Verlags-Anstalt, Felix Berner, Mitte Juli 1970 im Hause Brünings in Norwich/Vermont zusammen mit Claire Nix einige Tage lang durch-

59 Briefe I, S. 371 Anm. 3.

60 Am 12. Mai 1970 schrieb Claire *Nix* an den früheren Zentrumsabgeordneten Wilhelm Fonk: Weil Brüning zu „verschiedenen Zeiten auf verschiedenen Kopien manches mit der Hand geschrieben hat und auch Notizen diktiert hat, habe ich voraussichtlich einige Monate zu tun, das sorgfältig und genau zu ordnen“. Dazu vgl. auch die folgende Äußerung Erwin *Brettauers* (gest. 1973), in dessen Haus in Melide der Exkanzler die Erstfassung seiner Memoiren diktiert hat, von Anfang Juni 1970 an Gisela v. Alvensleben, die 1934/35 dieses Diktat geschrieben hat: Brünings Sekretärin Claire Nix, die ihn „abgöttisch verehrte und ihm ihr Letztes geopfert hat, ordnet nun die bewußten Memoiren“.

61 Hingegen bestimmte Brünings *Testament* vom 29. August 1955 in § 3 (Hervorhebungen von mir): „Meine Memoiren hat Miß Claire Nix *in dem Zustand, in dem sie sich bei meinem Tode befinden,* Herrn Rechtsanwalt [und Testamentsvollstrecker] Dr. Otto Eulerich in Münster zu treuen Händen zu übergeben. Dieser ist verpflichtet, die Memoiren an die Deutsche Verlags-Anstalt in Stuttgart [...] zum Zwecke der Veröffentlichung weiterzuleiten. Die endgültige Formulierung [!] der Memoiren erfolgt im Einvernehmen mit Miß Claire Nix und Herrn Professor Dr. Theoderich Kampmann.“ § 4: „Miß Claire Nix ist verpflichtet, bei der endgültigen Herstellung [!] der Memoiren mitzuwirken.“

62 So am 23. September 1947 an Rudolf Pechel. Bundesarchiv Koblenz, Nachlaß Pechel 59; 24. September 1947 an Gustav Olef. Institut für Zeitgeschichte München, ED 107/1. Von dieser Absicht Brünings ist weder in der Darstellung des Verlags über die Entstehung des Manuskripts (s. Anm. 16) noch im Nachwort der Herausgeber die Rede.

gesehen und verglichen und Änderungen, und zwar nicht nur grammatikalischer und stilistischer Art, vorgeschlagen bzw. vorgenommen. Dazu gehörten offensichtlich auch erhebliche Streichungen sowie die Formulierung und Eintragung von Kapitelüberschriften. Im August erhielt Theoderich Kampmann[63] die in Norwich bearbeitete(n) Manuskriptfassung(en). Diese hat er in dreimonatiger Arbeit überprüft und im Einvernehmen mit Claire Nix die in Brünings Testament vorgesehene „endgültige Formulierung" hergestellt. Auch die Höhe der dafür beiden Bearbeitern, dem Testament entsprechend, zugeflossenen Vergütung unterstreicht den außergewöhnlich intensiven Arbeitsaufwand, der nach Brünings Tod auf die Herstellung des Druckmanuskripts verwendet worden ist.

Noch bevor er die in Norwich/Vermont geleistete Vorarbeit kannte, hatte mir Theoderich Kampmann am 23. Mai 1970 geschrieben, Miss Nix sei dabei, die Memoiren Brünings „zu komplettieren", und zwar durch „jene Geheimdokumente, die sich bislang in amerikanischen Tresors befanden". Da der gedruckte Text nicht ein einziges Dokument geheimer Natur enthält, lag offensichtlich eine selbst für einen Nichthistoriker bemerkenswert weitgehende Verwechslung mit der zeitweiligen Aufbewahrung einer Manuskript-Fassung (B1) in der Bibliothek der Columbia Universität in New York vor.

Seit dem Februar 1971 habe ich wiederholt öffentlich bezweifelt, ob die „Memoiren" in der publizierten Fassung von Brüning autorisiert gewesen seien[64]. Dabei spielte neben der geschilderten Unklarheit über die Genesis des Manuskripts auch die Tatsache eine Rolle, daß sich in dem Durchschlag der Erstfassung von 1935 (C1) ganze Absätze finden, die das Buch nicht enthält, ohne daß ersichtlich oder im „Nachwort" begründet ist, wer sie (und wann) gestrichen bzw. verändert hat. Dafür drei Beispiele:

1. In dem Kapitel der „Memoiren" über Korruption in der oberschlesischen Schwerindustrie (S. 449) fehlen Hinweise auf Unterschlagungen eines

[63] *Kampmann* hat in seinem Buch „Gelebter Glaube. Zwölf Porträts", Warendorf 1957, auch einen Artikel über Brüning wieder abgedruckt (S. 24ff.), den er im Juli 1932 in der „Kölnischen Volkszeitung" veröffentlicht hatte.

[64] Zuerst in einem Vortrag in Münster (vgl. Günter *Graf*, Wer „korrigierte" Brünings Memoiren?, in: Publik, Frankfurt a. M., vom 4. Juni 1971), später bei anderen Gelegenheiten. Zuletzt in meinem Aufsatz: Brünings politische Weltanschauung vor 1918, in: Gesellschaft, Parlament und Regierung, hrsg. von Gerhard A. *Ritter*. Düsseldorf 1974, S. 318, sowie in der in Anm. 4 erwähnten kritischen Würdigung der beiden Brüning-Briefbände (z. Z. in Druck). Vgl. ferner die kritischen Fragen und Überlegungen zur Genesis und Publikation des Manuskripts bei Klaus *Gotto*, Heinrich Brüning in der Diskussion, in: Der katholische Gedanke 27, 1971, bes. S. 111, auch abgedruckt in: Die politische Meinung 139, 1971, S. 86.

Kammerdirektors bei den Hohenlohes. Es handelte sich um einen Schwager Stresemanns, v. Kleefeld. Nach Brünings Kenntnis waren ferner auch Frau Stresemann, Frau Meißner und (vermutlich) auch Oskar v. Hindenburg in finanzielle Spekulationen des Bankiers Sobernheim verwickelt gewesen, so daß die Reichsregierung „entsprechende Konten" habe verschwinden lassen (S. 522)[65] und Sobernheim, um Hindenburgs Unterschrift unter die Notverordnung zur Bankenorganisation zu erhalten, eine „Abfindung" zahlen müssen[66].

2. Nach den „Memoiren" hat Hindenburg in einem Gespräch am 11. November 1931 Brüning erklärt: „‚Ich wußte schon im Februar 1918, daß der Krieg verloren war. Aber ich wollte Ludendorff noch einmal gewähren lassen.' Ich war zutiefst erschüttert." (S. 455). In der Fassung C_1 schloß sich daran noch folgender Kommentar, der in dem Buch fehlt: „Es zerriß für immer der Mythos [Hindenburgs] für mich."

3. Bei der Schilderung von Intrigen am 12. Januar 1932 ist davon die Rede, daß man „im Hause des Reichspräsidenten" an jenem Tage (wieder einmal) den Sturz des Reichskanzlers vorbereitet habe (S. 507). In der Fassung C_1 schließt sich daran folgendes Urteil, das in dem Buch fehlt: „Dieser Vorgang vollzog sich in einer Form, der einen brutalen Grundzug im Charakter der Familie Hindenburg [. . .] enthüllte."

Schließlich ist bisher noch nicht beachtet worden, daß Brüning das Vorwort seiner „Memoiren" mit folgendem Satz beginnt: „Die nachfolgenden Darstellungen der wichtigsten Ereignisse der deutschen Geschichte in den Jahren 1918 bis 1934 sind zu verschiedenen Zeiten geschrieben" (S. 11). Da die „Memoiren" jedoch nur für die Zeit von 1930–1932 die „wichtigsten Ereignisse" enthalten, während entsprechende Vorgänge der zwanziger Jahre nur kursorisch oder überhaupt nicht behandelt werden, drängt sich auch von daher die Frage auf, ob und gegebenenfalls was in einer Manuskript-Fassung (und wann) gestrichen worden ist.

[65] Nach einer Mitteilung *Brünings* vom 25. Februar 1958 an Hans v. Raumer hat Staatssekretär Meißner jeweils nach den Kabinettssitzungen den Bankier Sobernheim informiert, der daraufhin an der Börse spekuliert (und hohe Verluste erlitten) habe; 1933 sei ein Notizbuch Sobernheims gefunden worden, „in welchem die Spekulationskonten von Meißner und – wie gesagt wurde – ich wurde nicht ganz sicher informiert, auch von Oskar v. Hindenburg enthalten waren".

[66] Ebd. Dazu vgl. ferner den bei G. R. *Treviranus,* Das Ende von Weimar, S. 209, abgedruckten Brief *Brünings* vom 5. September 1955, in dem die Summe von 60 000 RM genannt ist, die in den „Memoiren" fehlt (S. 522), wo dieser Vorgang jedoch mit dem Satz kommentiert ist: „Keine Intrige, keine Verleumdung hat mich so tief deprimiert wie dieses Erlebnis."

Die immer noch nicht geklärte Genesis der „Memoiren“ zwingt dazu, meine Forderung zu wiederholen, daß deren *historisch-kritische Ausgabe* unerläßlich ist[67]. Im Falle der Bismarck-Memoiren hat die Forschung 34 Jahre lang auf eine solche Ausgabe warten müssen, im Falle des Fürsten Bülow 28 Jahre lang. Im übrigen hat Brüning selbst „immer bedauert“, daß die Aufzeichnungen Stresemanns, „so wie er sie bei seinem Tode hinterließ, unkritisch veröffentlicht“[68] worden sind! In bezug auf seinen „politischen Schriftwechsel“ hat Brüning in seinem Testament ausdrücklich verfügt, daß dessen „Verwendung“ für „historisch-wissenschaftliche Zwecke“ nach seinem Tode 20 Jahre lang ausschließlich Claire Nix zustehe[69].

Wenn es stimmt, daß Brüning „im Laufe der Zeit so merkwürdig wenig an seinem ursprünglichen Diktat geändert hat“[70], dann drängt sich auch von daher die Frage auf, wozu es nach dem Tode des Autors einer mehrmonatigen intensiven Tätigkeit zur Herstellung eines Druckmanuskripts durch mehrere Personen bedurfte.

Alle bisher erwähnten noch offenen Fragen sowie die editions- und textkritischen Vorbehalte können jedoch den Historiker nicht davon entbinden, die 1970 publizierten Erinnerungen Brünings zum Ausgangspunkt *inhaltlicher* Kritik zu machen, und zwar auf Grund memoiren-immanenter Aspekte.

4. Gründe für die Zurückhaltung des Manuskripts

Bevor das geschieht, soll noch eine weitere der eingangs gestellten Fragen beantwortet werden: Aus welchen Gründen hielt Brüning sein Manuskript zu Lebzeiten unter Verschluß – trotz dutzendfacher Publikations-Ankündigungen zwischen 1938 und 1958 und einer bereits 1940 getroffenen „vor-

[67] Das gilt auch für die Anfertigung eines neuen Registers, da das jetzige, von Claire Nix angefertigt, eine blamable Fehlerquote aufweist.

[68] Schreiben vom 7. August 1957 an Hans Luther. Briefe II, S. 434. – Werner *Conze* hat eine historisch-kritische Ausgabe der Brüning-Memoiren als „späteres Desiderat“ bezeichnet (Brüning als Reichskanzler. Eine Zwischenbilanz, in: Histor. Zs. 214, 1972, S. 311 Anm. 2); er akzeptierte die Schilderung der Entstehungsgeschichte der Memoiren, „über die der Verlag Rechenschaft abgelegt hat“.

[69] In deren Vorwort zur Briefauswahl Brünings (Briefe I, S. 9) wird diese Testamentsbestimmung (§ 9) falsch wiedergegeben: Dort ist (als wörtliches Zitat) von „geschichtskundlichen Zwecken“ (!) die Rede und überdies nicht mitgeteilt, daß Brüning in diesem Zusammenhang ausdrücklich nur von seinem „politischen Schriftwechsel“ gesprochen hat (während die Auswahl-Edition auch zahlreiche rein private Briefe enthält).

[70] So Claire *Nix* am 13. Mai 1971 an Josef Hofmann (Aachen). Dieser Festellung ging folgender Satz voraus: „Natürlich müssen der Verlag und ich für eine wissenschaftliche Entstehungsgeschichte sorgen – die wenig zu der längst bekannten [!] Entstehungsgeschichte hin[zu]tun kann, weil Dr. Brüning . . .“ [folgt der im Text zitierte Anschluß].

läufigen Vereinbarung" mit dem New Yorker Doubleday-Verlag[71] –, selbst vor seinem Verleger? Der Exkanzler dachte zunächst, aber auch noch bis Mitte der fünfziger Jahre, an eine Erstveröffentlichung in den USA[72].

In dem von Theoderich Kampmann unterzeichneten Nachwort der „Memoiren" heißt es, der Autor habe die Publikation aus „Gewissensgründen" immer wieder hinausgezögert (S. 686). Hingegen hat Brüning über Jahrzehnte hin in zahllosen Briefen – von denen einige sogar in der Briefauswahl-Ausgabe von 1974 zu finden sind – Sachgründe für sein Schweigen genannt, allerdings zu verschiedenen Zeiten unterschiedliche und unterschiedlich gewichtete Gründe. Sie lassen sich unter sechs Gesichtspunkten zusammenfassen:

1. Es existierte kein druckreifes Manuskript.

2. Der Exkanzler wollte mit seinem Buch seinem Vaterlande nutzen und nicht schaden[73]. Was er darunter verstand, umschrieb er bei anderen Gelegenheiten folgendermaßen: Er wolle zur Überwindung des „unseligen Parteihaders" in Deutschland beitragen[74], zu einer „anderen Beurteilung der Entwicklung"[75]. Es gehe ihm darum, Verständnis für die Schwierigkeiten und Leistungen der Weimarer Republik zu schaffen[76], aber auch darum, die falschen Auffassungen der Welt „über unsere alten Militärs" umzuwerfen[77].

3. Brüning fürchtete vor 1945, aber auch noch 1949, seine „Memoiren" könnten von linksgerichteten deutschen Emigranten im Zuge der von ihnen betriebenen und von der alliierten Kriegspropaganda aufgenommenen und verstärkten „Verfälschung" der deutschen Geschichte gegen das deutsche Volk „mißbraucht" werden[78]. Diesem Volk sprach er noch 1947 die „Aufnahmefähigkeit" für seine Aufzeichnungen ab[79].

[71] Vgl. seinen Brief vom 12. November 1940 an Mona Anderson. Briefe I, S. 324.

[72] Das bestätigt auch George N. *Shuster*, The Bruening Memoirs, in: The Review of Politics 33, 1971, S. 287. Nach einer Mitteilung von J. *Wheeler-Bennett*, The End of the Weimar Republic (s. Anm. 10), S. 370, hat Brüning einem gemeinsamen Freunde erklärt, er könne seine Memoiren nicht in den USA publizieren, „because all the publishing houses were owned or dominated by Jews!"

[73] Vgl. seinen Brief vom 17. April 1947 an Rudolf Pechel. Abdruck (s. Anm. 13) S. 224. Ähnlich in einem Brief vom 14. Mai 1952, veröffentlicht in der Deutschen Zeitung (Köln) vom 28. Mai 1952, sowie vom 8. August 1952 an Gerd Bucerius (Briefe II, S. 315), und am 13. Mai 1957 an Katharina v. Kardorff. Bundesarchiv Koblenz, Nachlaß Kardorff, Nr. 55.

[74] Am 17. Januar 1947 an Hermann Dietrich.

[75] 10. Dezember 1955 an Günther Joël. Briefe II, S. 397.

[76] 1. Oktober 1952 an Athos v. Schauroth; 18. Juli 1957 an Hans v. Raumer. Ebd., S. 430.

[77] 5. Dezember 1956 an Athos v. Schauroth.

[78] 17. April 1947 an Rudolf Pechel (s. Anm. 73); 31. Dezember 1949 an Gustav Olef.

[79] 27. Oktober 1947 an Helene Weber. Briefe II, S. 102.

4. Der Exkanzler schwieg vor 1945 aus Rücksichtnahme auf einige Persönlichkeiten, die entweder in Deutschland lebten „oder die sich aus anderen Gründen nicht leisten können, ihrerseits mit Veröffentlichungen herauszukommen“[80]. Nach Kriegsende gab er diese Rücksichtnahme nicht auf und nannte auch (abwechselnd und mit unterschiedlicher Gewichtung, wobei auch der jeweilige Adressat eine Rolle spielte) verschiedene Namen: Oskar v. Hindenburg, Hans Luther, Ludwig Kaas, Eugenio Pacelli, Franz v. Papen, Hans Schäffer. Alle Genannten aber sind *vor* Brüning verstorben, zum Teil lange vor ihm.

5. Von Anfang der fünfziger Jahre an bis 1957 hin verwies Brüning wiederholt darauf, daß er nicht die Wahlen in der Bundesrepublik, aber auch nicht das Problem West-Berlin beeinflussen wolle. Ein anderes Mal hieß es, er könne nicht mitteilen, daß die Marineführung „Mitte der dreißiger Jahre“ über ein weitgehendes britisches Angebot zur deutschen Flottenrüstung „völlig überrascht“ gewesen sei, solange Admiral Raeder sich noch in Haft befinde[81]. Einmal war davon die Rede, daß er erst die Freigabe des Vermögens der I.G.-Farben in den USA abwarten müsse[81a].

6. 1958 bis 1960 sprach Brüning mehrfach davon, er wolle nicht, daß seine Memoiren von den Sowjets propagandistisch ausgenutzt werden könnten, „um Verwirrung in Westdeutschland zu schaffen“[82].

Inwiefern der Exkanzler mit der Publikation seiner Erinnerungen, zumindest nach 1949, seinem Vaterland nutzen oder schaden konnte: *Das* ist schlechterdings nicht erkennbar; jedenfalls nicht auf Grund des veröffentlichten Textes[83]. Zudem hätten sich damals noch viele seiner ehemaligen Mitarbeiter und Gegenspieler, insbesondere aber alle eben namentlich genannten Persönlichkeiten, zu einzelnen Passagen oder Urteilen zu Wort melden können, wie das in vergleichbaren Fällen beispielsweise nach der Publikation der Memoiren von Schacht und Papen geschehen ist. Aber gerade solche

[80] 29. September 1940 an Wilhelm Sollmann. Vgl. Th. A. *Knapp*, Heinrich Brüning im Exil (s. oben Anm. 6), S. 107.

[81] Am 20. Dezember 1955 an Franz Dessauer. Institut für Zeitgeschichte München, ED 107/2. Dieses Argument ist nur seiner Singularität halber – genau wie das folgende – eigens belegt.

[81a] 21. September 1957 an Johannes Maier-Hultschin.

[82] Das geht aus einem Schreiben vom 17. September 1958 an Friedrich Dessauer hervor. Für dieses Argument sei auch auf eine gedruckte Briefstelle verwiesen: 24. März 1959 an Hermann Pünder. Briefe II, S. 464. Ähnlich am 10. Dezember 1955 an Günther Joël. Ebd., S. 396.

[83] Auch ist nicht ersichtlich, warum Brüning nicht den Namen jenes Angehörigen der „kommunistischen Verschwörergruppe“ von 1918 im Großen Hauptquartier nennen wollte, der später ein „nicht gerade einflußloses Mitglied der NSDAP“ geworden sei (S. 34). Das gleiche gilt für das Verschweigen von Namen ausländischer Agenten, mit

Kontroversen wollte Brüning vermeiden[84], der dabei bereits 1952 in Kauf nahm, daß sich damals schon „vielleicht zum Teil" durch seine Schuld „falsche Auffassungen über die Vorgänge jener Jahre" festgesetzt hatten[85].

Wenn also bisher nicht erkennbar ist, worin die Gefahr einer propagandistischen Auswertung, insbesondere durch die Sowjetunion, bestanden haben kann, so taucht die naheliegende Frage auf: Existierten etwa (oder existieren noch) entsprechende enthüllende Passagen in einer nicht publizierten Manuskript-Fassung? Dafür gibt es bisher nicht das geringste Indiz.

Nach dem Urteil von Claire Nix hat Brüning – bezogen auf die Mitte der fünfziger Jahre – nach so langer Zeit „jeder seelische Antrieb für eine Selbstdarstellung" gefehlt[86]. Dem steht entgegen, daß der Exkanzler nach langem Zögern erst am 22. Februar 1955 den Verlagsvertrag abgeschlossen hatte, woraufhin der damalige Verlagsdirektor Gotthold Müller, auf entsprechende Mitteilungen des Verfassers hin, das Manuskript noch im gleichen Jahre erwartete. Brüning erhielt damals die Hälfte eines vereinbarten Honorarvorschusses, die andere Hälfte drei Monate später.

Nach meiner Ansicht war der folgende Grund für Brünings Schweigen ausschlaggebend – abgesehen davon, daß kein druckreifes Manuskript vorlag: die Unsicherheit darüber, wie sein Buch aufgenommen werden würde; er fürchtete offensichtlich, unbeschadet vereinzelter gegenteiliger Äußerungen[87], das zu erwartende Echo in der Öffentlichkeit mit den daraus ent-

denen Hitler 1923 verhandelt habe (S. 98). Hingegen ist in einem Brief vom 20. Januar 1949 an August H. Berning die Rede davon, daß Alfred Rosenberg den „finanziellen Kontakt" zwischen Hitler und dem „französischen Geheimfonds" [!] aufrechterhalten habe. Briefe II, S. 178.

84 Am 5. September 1957 schrieb er an Athos v. Schauroth: „Aber das Glück ist, daß die Gegenseite [damit waren in erster Linie die Verfasser der zahlreichen Memoirenwerke über die Weimarer Zeit gemeint] ihre Patronen verschossen hat."

85 In seinem Brief vom 14. Mai 1952 an die Deutsche Zeitung (vgl. Anm. 73).

86 Vgl. Briefe II, S. 399. An anderer Stelle der Anmerkungen schreibt Claire *Nix*, Brüning habe das Empfinden gehabt, daß die Publikation „20 Jahre nach dem Diktat Auslassungen und Redewendungen erfordern würde, die kaum zu einem Erlebnisbericht paßten". Er habe es deshalb vorgezogen, das Manuskript erst nach seinem Tode veröffentlichen zu lassen. Briefe I, S. 64 Anm. 1. Wieder anders akzentuiert ist die Mitteilung von Claire *Nix* an Werner Conze vom 10. Februar 1971, zitiert bei W. *Conze*, Brüning als Reichskanzler, (s. Anm. 68), S. 311 Anm. 2: Danach habe Brüning 1965 nach einer Lektüre des Manuskripts (in welcher Fassung?), das er aus dem „Panzerschrank" gezogen habe, erklärt: „‚Achtzig! Dann schafft man nichts mehr, oder man macht Unsinn'"; er habe „die Papiere im Panzerschrank" liegen lassen. In diesem Sinne schrieb Claire *Nix* auch am 22. Januar 1971 an den früheren Zentrumsabgeordneten Wilhelm Fonk: Brüning habe 1965, nach einem Besuch des Leiters der Deutschen Verlags-Anstalt in Norwich/Vermont, die Ansicht geäußert, das Manuskript zu veröffentlichen, „aber er fürchtete [...], er würde in seinem Alter nur Dinge durcheinander bringen, und ließ das Ganze liegen".

87 So derjenigen, er werde sich nicht um die Reaktion der Öffentlichkeit kümmern. Am 18. Juli 1957 an Hans v. Raumer.

stehenden publizistischen Kontroversen. Als Westfale hatte es ihn ohnehin „schwere Überwindung“ gekostet, über sich selbst zu sprechen[88]; auf keinen Fall wollte er, wie Briefe erkennen lassen, wie andere Memoirenschreiber (etwa Schacht und Papen) in öffentliche Auseinandersetzungen verstrickt werden, schon gar nicht in Prozesse, am wenigsten mit der Familie Hindenburg[89].

Hinzu kam für die Zeit nach 1949/50 ein weiteres Argument: Der Exkanzler sah bereits die Federn von Bonner „Scribenten“ in gleichsam amtlichem (sprich: Adenauers) Auftrag zum „Generalangriff“ gegen sich gespitzt[90]. In seinem Verfolgungswahn, der für die Zeit der Emigration vielfach bezeugt ist[91], fühlte er sich auch während seines Aufenthalts in der Heimat 1951–1955 (unterbrochen durch mehrere USA-Reisen) von „Bonn“ überwacht[92].

Daß Brüning auf Kritik ungewöhnlich empfindlich reagierte, zeigt seine Einschätzung der oppositionellen Presse aus der Zeit seiner Kanzlerschaft in den „Memoiren“, aber genauso die Reaktion nach seinem Vortrag vom 2. Juni 1954 „Die Vereinigten Staaten und Europa“, in dem er im Düssel-

88 So am 20. Dezember 1955 an Franz Dessauer, dem *Brüning* weiter mitteilte, daß er es nicht werde vermeiden können, wegen seiner Memoiren „angegriffen“ zu werden: „Aber aus einer Reihe von Gründen halte ich es jetzt [!] für meine Pflicht, nicht länger mit der Veröffentlichung zu warten.“ Vgl. auch Max *Braubach:* „Vielleicht scheute er [Brüning] in seinem letzten Lebensjahrzehnt vor einer Veröffentlichung auch deshalb zurück, weil er fürchtete, daß sie seinem Ruf und Andenken mehr schaden als nützen würde.“ In: Hist. Jb. 92, 1972, S. 111.

89 Am 18. Juli 1957 teilte *Brüning* Johannes Maier-Hultschin mit: „Vorläufig eröffnen eine Reihe von Anwälten, die mit der Hindenburggruppe in Verbindung stehen, Sperrfeuer gegen die Veröffentlichung meiner Memoiren.“ Am 5. April 1958 hieß es gegenüber Hans v. Raumer: „Außerdem muß ich die Vorgänge bei meinem Sturze sehr sorgfältig formulieren, da der Sohn Hindenburg das Archiv seines Vaters hat, für das Herr Meißner bei jeder Krise eine Darstellung verfaßte, die dartun sollte, daß Hindenburg immer Recht gehabt habe. Wie auch immer ich die Formulierungen wähle, so ist doch eine Polemik von seiten des jungen Hindenburg unausbleiblich.“ Die Anfertigung von einseitig gefärbten Aufzeichnungen Meißners für Hindenburgs Hausgebrauch hat Brüning in Briefen mehrfach erwähnt, auch in den „Memoiren“ (S. 519).

90 So am 13. Mai 1957 an Katharina v. Kardorff; 14. Mai 1957 an Friedrich Stampfer, wobei *Brüning* hinzufügte: „Wenn diese Phase vorbei ist, hoffe ich in die Heimat zurückzukehren.“ Bereits am 20. Dezember 1955 (an Franz Dessauer) war von einer Rückkehr in die Heimat „im nächsten Jahr“ die Rede gewesen, eine Absicht, die er wiederholt ausgesprochen hat.

91 Vgl. Arnold *Brecht,* Gedanken über Brünings Memoiren, in: Polit. Vierteljahresschr. 12, 1971, S. 626; J. *Wheeler-Bennett,* The End of the Weimar Republic, S. 370; Herbert *Weichmann,* Kritische Bemerkungen zu den Briefen Brünings an Sollmann, in: Vierteljahrsh. für Zeitgesch. 22, 1974, S. 460. Ferner mündliche Auskünfte von George N. *Shuster* und Gottfried R. *Treviranus* (†).

92 Mündliche Auskünfte von Frau Anni Heuwes, verwitwete Eckert. Dazu vgl. R. *Morsey,* Brüning (s. Anm. 12), S. 115.

dorfer Rhein-Ruhr-Klub die „rein dogmatische" Außenpolitik der Bundesrepublik attackierte[93]. Adenauers sofortige scharfe Reaktion darauf und das anschließende internationale Presse-Echo haben 1955 Brünings zweite Emigration aus Deutschland wesentlich erleichtert.

IV. Zum Inhalt

1. Politische Zielsetzungen

Es wäre jetzt an der Zeit, die eingangs gestellte Frage nach den Konsequenzen zu beantworten, die sich aus der nunmehr zur Genüge deutlich gewordenen Problematik der posthum erfolgten Memoiren-Publikation ergeben. Die Antwort auf diese Frage soll jedoch erst zum Schluß meines Referats erfolgen, weil sie in eine andere als die bisher behandelte Dimension historischer Kritik hineinreicht. Stattdessen möchte ich im Anschluß an die Behandlung der quellen- und textkritischen Voraussetzungen und Kriterien, die für eine Beurteilung der „Memoiren" unabdingbar sind, auf deren *memoiren-immanente* Aspekte eingehen. Dabei verbietet es sich schon aus Raumgründen, auch nur den Versuch unternehmen zu wollen, deren Inhalt zu referieren und zu würdigen.

Hingegen gilt es, wenigstens einen Eindruck zu vermitteln von dem, was darin neu oder jedenfalls von den meisten Lesern als neu und überraschend empfunden worden ist. Das betrifft, von zahllosen Details abgesehen[94], in erster Linie das vermeintliche Handeln des Reichskanzlers nach einem Gesamtkonzept mit gleichermaßen außen- und innenpolitischen, wirtschafts- und finanzpolitischen Konsequenzen. Erstrebt wurden innerhalb dieses Rahmens grundstürzende Änderungen im Staats- und Verfassungssystem, eingeschlossen die Beseitigung der föderalistischen Grundlage, und auch im Staats- und Verfassungsverständnis – und das, obwohl Brüning über den Beginn seiner Kanzlerschaft urteilt: Selten sei ein Kanzler „mit weniger Vorbereitung in bezug auf sachliche und personelle Pläne an die Arbeit" gegangen (S. 164).

[93] Druck: Stuttgart 1954. Wiederabgedruckt in: H. *Brüning*, Reden und Aufsätze (s. Anm. 13), S. 283ff. Bisher fehlt eine Untersuchung über den Stellenwert dieser Rede, die ihre politische Brisanz aus dem Zusammenhang mit der Haltung der außenpolitischen Opposition der fünfziger Jahre bezog. Dazu vgl. Rudolf *Morsey*, Brüning und Adenauer. Düsseldorf [2]1972, S. 40.

[94] Beginnend mit dem Hinweis (S. 161), daß *Brüning* die Übernahme des Reichskanzleramts davon abhängig gemacht habe, „ein nicht an die Parteien gebundenes Kabinett" bilden zu können.

Der Reichskanzler wollte, seinen „Memoiren" zufolge, so viel wie möglich von dem restaurieren, was 1918 verlorengegangen war: Monarchie und Preußentum, die wirtschaftliche und militärische Großmachtstellung des Reiches und die Verfassungswirklichkeit des Konstitutionalismus der Bismarck-Zeit, allerdings eines eigenwillig interpretierten Verständnisses dieser Verfassungspolitik, in die Vorstellungen des britischen Konstitutionalismus und eines bisher nicht gekannten Zentralismus einflossen[95].

Dieses Konzept gilt es ein wenig ausführlicher zu kommentieren[96]. *Außenpolitisch* – das war bekannt und wird bestätigt – zählte Brüning zu den „Revisionisten", die sich mit der europäischen Friedensordnung von 1919 und den deutschen Reparationsverpflichtungen nicht abfinden konnten; *verfassungspolitisch* gehörte er als Herzensmonarchist – das war neu – zwar nicht zu den Gegnern, aber jedenfalls auch nicht zu den Verteidigern der Weimarer republikanischen Wirklichkeit (die im übrigen, auch in zahlreichen Rezensionen, immer noch allzu verklärt dargestellt wird, ohne zu berücksichtigen, daß die demokratischen Parteien bereits seit 1920 keine Mehrheit mehr besaßen); *parteipolitisch* stand der katholisch-konservative Westfale, der zu allen Ämtern gerufen, wenn nicht gedrängt werden mußte, auf dem rechten Flügel des Zentrums[97]. Erstaunlich bleibt das (auch in seinen Briefen erkennbare) Ausmaß seiner preußisch bestimmten und militärisch fixierten Denkweise sowie seiner antimarxistischen Grundhaltung.

Um seine weitgespannten verfassungspolitischen Ziele zu erreichen, war der Kanzler bereit, die demokratischen Parteien aufs Spiel zu setzen und eine zeitweilige Außerkraftsetzung des bereits funktionsunfähigen Weimarer Parlamentarismus ebenso in Kauf zu nehmen wie eine vorübergehende, nicht von ihm verschuldete, Massenverelendung. Hingegen war er nicht bereit, die Person oder Institution des Reichspräsidenten sowie die der politisierenden Militärs in Frage zu stellen, oder gar den Gegner, den er ebenso fürchtete wie er ihn unterschätzte, Hitler, unschädlich zu machen. 1932 sollte die

[95] Die in den „Memoiren" nirgendwo zusammenhängend geschilderten Verfassungsvorstellungen sind von zahlreichen Rezensenten unterschiedlich interpretiert worden. Zum Verständnis und zur Klärung auch dieser Passage ist es unerläßlich, Brünings Briefwerk auszuwerten.

[96] Für diese Zusammenfassung beziehe ich mich teilweise auf Formulierungen aus der instruktiven Rezension von Ernest *Hamburger*, einem früheren (1925–1933) SPD-Abgeordneten des Preußischen Landtags (s. Anm. 47), S. 31f.

[97] Vizekanzler Hermann *Dietrich* erklärte am 21. Februar 1932 in einer Sitzung des Gesamtvorstands der Deutschen Staatspartei: „Außer Stegerwald und mir sind alle Minister, nicht zum mindesten Brüning selbst, konservativ." Vgl. Erich *Matthias* und Rudolf *Morsey*, Die Deutsche Staatspartei, in: Das Ende der Parteien 1933. Düsseldorf 1960, S. 51 Anm. 19.

Wiederwahl Hindenburgs als Reichspräsident den Weg zu einer Reichsregentschaft und, unmittelbar anschließend, zur Restauration der Hohenzollern-Monarchie auf legalem Wege bahnen[98].

Parteipolitisch erstrebte Brüning eine Verbindung des Zentrums mit den antirepublikanischen Kräften der Rechtsparteien. Die Sozialdemokratie sollte aus Staatsräson durch nationale Opfer eine derartige Koalition zur Durchsetzung auch verfassungsändernder Gesetze unterstützen, zumindest tolerieren, ohne über die Endziele der Politik des Reichskanzlers vollständig informiert zu sein. Als Gegenleistung bot Brüning der SPD keinerlei politische oder sozialpolitische Konzessionen, sondern die Aussicht auf einen „außenpolitisch friedlichen, innerpolitisch quasi-legalen" Übergang an (E. Hamburger), um einen Bürgerkrieg oder eine Militärdiktatur zu vermeiden.

Die rigorose Drosselung aller Staatsausgaben, eingeschlossen die Senkung von Löhnen und Gehältern sowie der Abbau sozialer Leistungen, stand im Dienst der außenpolitischen „Befreiung", in deren Rahmen auch Rüstungsgleichheit erstrebt wurde. Die Revision des Vertrags und Systems von Versailles sollte mit einer Beseitigung der Reparationslasten beginnen, obwohl diese erst im März 1930 mit der Annahme des Young-Plans neu fixiert und akzeptiert worden waren, eines Vertrags allerdings, den Brüning als Fraktionsvorsitzender des Zentrums noch am 12. März 1930 im Reichstag als „Diktat" bezeichnet hatte[99].

Die nur mit Hilfe von Notverordnungen durchgehaltene *Deflationspolitik* war angesichts der weltwirtschaftlichen Verflechtungen zu einem erheblichen Teil zwangsläufig: als Anpassungsprozeß an die stark gesunkenen Preise auf dem Weltmarkt und an die weltweite Wirtschaftskrise. Diese Politik sollte die Außenhandelsbilanz wieder aktiv gestalten und die Reparationsverpflichtungen durch Drosselung der Einfuhren und Ankurbelung der Ausfuhren aus Handelsüberschüssen (und nicht aus geliehenem Auslandskapital) erwirtschaften[100].

Kreditschöpfung oder -ausweitung zur Arbeitsbeschaffung lehnte Brüning im Einvernehmen mit Reichsbankpräsident Hans Luther ab, solange nicht der Tiefpunkt der Krise erreicht sei. In einer solchen Finanzpolitik erblickte

[98] Noch am 16. März 1952 hielt *Brüning* gegenüber Joachim v. Ostau daran fest, daß er im Frühjahr und Sommer 1932 „ernsthaft" an die Restauration der Monarchie habe herangehen können. Briefe II, S. 299.

[99] Abgedruckt in: Wilhelm *Marx* / Heinrich *Brüning*, Reichstagsreden, hrsg. von Rudolf *Morsey*. Bonn 1974, S. 136.

[100] Über die (vom Reichskanzler beabsichtigten) nachteiligen Folgen dieser Außenhandelspolitik für andere Länder vgl. in bezug auf Großbritannien Bernd Jürgen *Wendt*, Economic Appeasement. Düsseldorf 1971, S. 54f.

der Kanzler die Gefahr einer Inflation[101], die für ihn wie für den Reichsbankpräsidenten – der nach einer späteren Wendung Brünings durch den Young-Plan zum „praktischen Herrscher [...] in allen Kreditfragen und indirekt in den öffentlichen Finanzen" geworden war[102] – und die Mehrzahl der volkswirtschaftlichen Theoretiker wie der Zeitgenossen nach den Erfahrungen von 1923 als das schlimmste aller Übel galt[103]; sie ließ überdies Sanktionen in Form ausländischer Finanzkontrolle befürchten.

Im übrigen war der Reichsregierung durch den Young-Plan untersagt, die Währungsparität zu verändern[104] – sei es durch Abwertung (die Brüning nach Lösung der Reparationsfrage geplant hatte [S. 503]), sei es durch Kreditausweitung –, weil dadurch die ausländischen Gläubiger geschädigt werden konnten und im übrigen durch eine Abwertung die private Auslandsverschuldung entsprechend gestiegen wäre. Die durch den Young-Plan überaus gravierende Einschränkung der „Richtlinienkompetenz" des Kanzlers und der Handlungsfreiheit des Kabinetts wird von vielen Kritikern der Brüningschen Finanz- und Wirtschaftspolitik übersehen[105]. In diesem Zusammenhang bleibt allerdings die Frage strittig, ob sich in der damaligen

[101] Dazu vgl. Rudolf *Morsey*, Brünings Kritik an der Reichsfinanzpolitik 1919–1929, in: Geschichte, Wirtschaft, Gesellschaft. Festschrift für Clemens Bauer zum 75. Geburtstag, hrsg. von Erich *Hassinger* u. a. Berlin 1974, S. 366f.

[102] 13. Juli 1958 an Otto A. Friedrich. Weiter hieß es, Luther habe der Regierung, da er von den Problemen der Kreditkrise „keine klare Vorstellung" besessen habe, „unendliche Schwierigkeiten gemacht". Dagegen vgl. Hans *Luther*, Vor dem Abgrund 1930 bis 1933. Berlin 1964, passim.

[103] Am 18. Sept. 1957 beklagte es *Brüning* (gegenüber Hans v. Raumer), daß „unsere großen Historiker, weil sie in einer Zeit lebten, in der man keine Vorstellung von einer Inflation hatte, diesem moralisch vernichtenden Einfluß einer Inflation nie genug Aufmerksamkeit gewidmet" hätten.

[104] Der – soweit ich sehe, in der Literatur bisher nicht beachtete – entsprechende Artikel 91 des „Sachverständigenplans" vom 7. Juni 1929 (Reichsgesetzblatt 1930/II, S. 115) lautete in der Fassung des „Abkommens" vom 20. Januar 1930 (ebd., S. 436) als Bestandteil des „Gesetzes über die Haager Konferenz" vom 19. März 1930: „Die Deutsche Regierung übernimmt die Verpflichtung, daß die Reichsmark gemäß Artikel 31 des Bankgesetzes vom 30. August 1924 [vgl. Reichsgesetzblatt 1924/II, S. 242f.] in Gold oder Devisen einlösbar ist und bleibt, und daß die Reichsmark unter allen Umständen für die allgemeinen Zwecke des Neuen Planes eine Münzparität von $^1/_{2790}$ kg Feingold, wie es im Münzgesetz vom 30. August 1924 vorgeschrieben ist, haben und behalten soll."

[105] Auf diesen Sachverhalt hat *Brüning* in zahllosen Briefen hingewiesen und dabei unterstrichen, daß durch den Young-Plan eine „Deflationspolitik" vorgegeben gewesen sei. Vgl. auch seinen Vortrag „The Statesman" von 1946 in Chicago; Druck: H. *Brüning*, Reden und Aufsätze (s. Anm. 13), S. 200. In seinem Brief an Rudolf Pechel von 1947 (Druck: ebd., S. 232) war von dem verbreiteten „Mißverständnis einer geplanten Deflationspolitik" die Rede.

Depressionsphase eine mäßige und kontrollierte Kreditausweitung überhaupt inflationistisch hätte auswirken können[106].

Die fiskalpolitisch verschärfte Not der Volksmassen sollte als Demonstration der Krisenlage des Reiches dazu dienen, die deutsche Zahlungsunfähigkeit und den Widersinn der finanzpolitischen Forderungen des Auslands zu demonstrieren und damit die Notwendigkeit zu unterstreichen, von den Reparationen vollends befreit zu werden. Darüber hinaus sollte sie eine Gesundschrumpfung der Wirtschaft ermöglichen und damit dem Reich nach Überwindung der als „Reinigungskrise" verstandenen internationalen Depressionsphase einen günstigen Start sichern, um rasch eine politische Vormachtstellung zurückgewinnen zu können. Sein Gesamtkonzept glaubte der Reichskanzler bis etwa 1934 realisieren zu können.

Ausschlaggebend bleibt die Überspannung und der Stellenwert der Finanz- und Wirtschaftspolitik, die Brüning kompromißlos der Priorität seiner national-konservativen Außenpolitik unterordnete. Um deretwillen war er nicht nur entschlossen, das Odium eines Krisen- und „Hunger"-Kanzlers auf sich zu nehmen, sondern auch bereit, mit deren Folgen jene Mittelparteien zu belasten, die seine Politik stützten – vor allem seine eigene Partei, das Zentrum[107], – ohne seine letzten Ziele zu kennen. Auf diese Weise sollten die Rechtsparteien aus der Schußlinie herausgehalten werden, um nach Überwindung der Krise unbelastet die Regierung eines Reiches übernehmen zu können, das politisch und militärisch erstarkt, finanziell gesundet, wirtschaftlich saniert und zugleich entparlamentarisiert worden, aber Verfassungs- und Rechtsstaat geblieben war.

2. *„100 m vor dem Ziel"?*

Auf innere Widersprüche in den soeben aufgeführten Zielvorstellungen komme ich gleich noch zurück. Zunächst möchte ich deren Ergebnis vorwegnehmen: Die weit verbreitete und durch die „Memoiren" erneut, ja, verstärkt suggerierte Annahme, daß Brüning, in Abwandlung einer Wendung aus seiner letzten Rede im Reichstag am 11. Mai 1932, „hundert Meter vor

[106] Dazu vgl. das bisher zu wenig beachtete Kapitel über Brünings „Memoiren" bei Gerhard *Ziemer*, Inflation und Deflation zerstören die Demokratie. Stuttgart 1971, S. 196ff.

[107] Die viele Leser überraschende kritische Bewertung des Zentrums, von der noch die Rede sein wird, entspricht einem Charakterzug Brünings, den der ihm nahestehende Publizist Hermann *Ullmann* 1932 folgendermaßen umschrieben hat: „Seine Freunde hat er stets höchst unökonomisch behandelt und mit einer Selbstverständlichkeit und Rücksichtslosigkeit verbraucht, die er gegen sich selbst anwandte. Aber um seine Feinde [. . .] hat er immer ausdauernd und mit zäher Gewalt gerungen." In der großen Kurve. Berlin 1932, S. 65.

dem Ziel"[108] gestürzt worden sei, trifft nicht zu. Im übrigen war diese Wendung gar nicht, wie nach dem Kontext der Rede anzunehmen, zunächst auf die erhoffte Lösung der Reparationsfrage auf der bevorstehenden Konferenz von Lausanne bezogen. Sie war vielmehr, wie Brüning wiederholt und auch in den „Memoiren" (S. 588) versichert hat, vor allem als Warnung an die Umgebung des Reichspräsidenten gerichtet, die auf den Sturz des Kanzlers hinarbeitete[109].

Zudem bildete die Mahnung, „die Ruhe bzw. die Nerven zu behalten", eine Standardwendung Brünings mindestens seit 1931. Bereits am 26. Februar 1931 hatte der Kanzler bei einer Besprechung von Mitgliedern seiner Regierung mit Vertretern der rheinisch-westfälischen Unternehmer und der christlichen Gewerkschaften erklärt, es gelte, „kurz [!] vor dem Ziel" nicht die Nerven zu verlieren[110].

Dieses Ziel war, schon im Hinblick auf die knapp terminierte Realisierung und die von der Sozialdemokratie erhoffte aktive Unterstützung bei der Restauration der Hohenzollern-Monarchie illusionär. Am 9. Mai 1932 hatte der Reichskanzler im vertrauten Kreis des Vorstands seiner eigenen Fraktion erklärt, die Krise werde auch nach Lösung der Reparationsfrage noch zwei Jahre dauern; Arbeitsbeschaffung habe „erst dann Sinn, wenn Tiefpunkt der Krise erreicht"[111]. Und noch in der letzten Reparationsbesprechung un-

[108] Der genaue Wortlaut: „Wenn ich mich dadurch [gemeint: die Agitation der Rechtsopposition] beeindrucken ließe, dann würde ich den schwersten politischen Fehler machen, den zu machen irgend jemand im Augenblick in der Lage wäre: Ich würde die Ruhe auch innerpolitisch verlieren, die [...] an den letzten hundert Metern vor dem Ziele das absolut Wichtigste ist." Vgl. Wilhelm *Marx* / Heinrich *Brüning*, Reichstagsreden, S. 164.

[109] So am 20. Juli 1935 an Graf Kessler. Vgl. Harry *Graf Kessler*, Tagebücher 1918–1937, hrsg. von Wolfgang *Pfeiffer-Belli*. Frankfurt 1961, S. 739. Gerade wenn das „Ziel" derart nahe gewesen sein sollte – in einem Vortrag in der Harvard-Universität von 1936 sprach er von einer Frist von drei Monaten, die er noch benötigt hätte –, dann wäre um so mehr aus den von Brüning immer wieder beschworenen „nationalen" Gründen ein „Durchhalten" erforderlich gewesen, eventuell auch *gegen* Hindenburg. Vgl. R. *Morsey*, Brüning und Adenauer (s. Anm. 93), S. 17.

[110] Das am Tage darauf angefertigte Protokoll dieser Besprechung verdanke ich Herrn Dr. Franz *Schürholz* (Wangen/Allgäu), der dieses Protokoll, laut seinem damaligen Vermerk, „als Beauftragter des Reichskanzlers" angefertigt hat. Dazu vgl. auch *Brünings* Äußerung in einer Besprechung mit den Parteiführern am 15. Juni 1931, wo er den Eindruck erweckte, als sei der Tiefpunkt der Krise erreicht. Diesen Eindruck hat er dann in der Folgezeit mehrfach (29. Oktober 1931, 13. Mai 1932) neu terminiert bzw. hinausgeschoben. Vgl. die Belege bei Tilman P. *Koops*, Zielkonflikte der Agrar- und Wirtschaftspolitik in der Ära Brüning, in: Industrielles System und politische Entwicklung in der Weimarer Republik, hrsg. von Hans *Mommsen* u. a. Düsseldorf 1974, S. 863f. – Die Wendung „die Nerven behalten" (o. ä). kommt in seinen Reden sehr häufig vor, in den „Memoiren" mehr als fünfzigmal.

[111] Vgl. Protokolle des Vorstands und der Reichstagsfraktion (s. Anm. 45), S. 568. Ähnlich bereits am 5. Januar 1932 in einer reparationspolitischen Aussprache im Regierungskreis.

ter dem Vorsitz Brünings am 27. Mai 1932 war der Kanzler davon ausgegangen, daß sich die Forderung nach Streichung der Reparationen auf der Konferenz von Lausanne „kaum sofort“ werde durchsetzen lassen[111a].

Der Reichskanzler hat seine Mit- und Gegenspieler, angefangen von Hindenburg und Schleicher bis hin zu Hitler und der NSDAP, die er als willkommene „nationale Opposition“ verstand (oder jedenfalls später so verstanden wissen wollte)[112], falsch eingeschätzt, d. h. in verhängnisvoller Weise unterschätzt bzw. im Einzelfalle, wie etwa Gregor Strasser, überschätzt. Zu spät wurde ihm bewußt, daß er mit den Nationalsozialisten seine Zielsetzung, die im übrigen mit dem Reichspräsidenten und der Reichswehrführung niemals klar abgesprochen worden war, nicht verwirklichen konnte.

Schließlich war der außenpolitische Prestige-Erfolg vom Juli 1931, zunächst befristete Einstellung der Reparationszahlungen, innenpolitisch nicht honoriert worden: Der erhoffte Rückgang des politischen Radikalismus, des vom Reichskanzler so bezeichneten NS- „Spuks“, blieb ebenso aus wie die wirtschaftliche Erholung[113]. Pläne zur Arbeitsbeschaffung und (Ost)Siedlung waren keineswegs so weit vorbereitet, wie nachträglich vielfach angenommen. Sie bewegten sich zudem nicht in Größenordnungen, die eine rasche Ankurbelung der Wirtschaft hätten erwarten lassen. Davon abgesehen, sollten entsprechende Maßnahmen aus einem ausgeglichenen Reichshaushalt bezahlt werden[114].

Der Reichskanzler hat seinen Sturz kampflos hingenommen: aus einem Übermaß an Resignation, da er noch kein Ende der Krise in Sicht sah[114a], und aus überdimensioniertem Respekt vor dem Reichspräsidenten. Da angesichts des von Brüning gesteuerten „Hindenburg-Kurses“ – der in paradoxer Umkehrung seiner Intention nur durch die Tolerierung der SPD durchgehalten worden war – der Zugang zum Machthaber entscheidende Bedeutung gewonnen hatte, konnte und wollte der Exkanzler die Hintergründe seines

Vgl. Henning *Köhler*, Arbeitsbeschaffung, Siedlung und Reparationen in der Schlußphase der Regierung Brüning, in: Vierteljahrsh. für Zeitgesch. 16, 1969, S. 305.

111a Nach einer Aufzeichnung der Reichskanzlei. Vgl. H. *Köhler*, Arbeitsbeschaffung, S. 303.

112 Noch am 18. September 1952 schrieb *Brüning* an Gerd Bucerius: „Wenn die Nazis keine Opposition gegen meine Außenpolitik gemacht hätten, so hätte ich sie mir anderswo bestellen müssen.“ Briefe II, S. 319.

113 Bereits im Januar 1932 hatte Gustav *Stolper* erkannt: „Der Kampf um die Reparationen kostet Deutschland und die Welt ein Vielfaches dessen, was die Reparationen ausmachen.“ In: Der Volkswirt (Berlin), 15. Januar 1932, S. 512.

114 Dazu vgl. H. *Köhler*, Arbeitsbeschaffung, passim.

114a Am 29. Mai 1932 notierte der Staatssekretär in der Reichskanzlei, Hermann *Pünder:* Brüning habe „es eben satt“ und wolle von sich aus Schluß machen. Politik in der Reichskanzlei, hrsg. von Thilo *Vogelsang*. Stuttgart 1961, S. 127.

Sturzes und der Abhängigkeit Hindenburgs von einer Kamarilla nicht enthüllen[115]. Er schwieg auch gegenüber den Abgeordneten seiner eigenen Fraktion[116].

Ende Mai 1932 befanden sich die arbeitslosen und hungernden, verzweifelten und von totalitären Parteien aufgehetzten Massen (einschließlich der ländlichen Bevölkerung) längst im antidemokratischen und antirepublikanischen Lager[117]. In der acht Wochen später, *nach* Lösung der Reparationsfrage auf der Konferenz von Lausanne, von Reichskanzler v. Papen veranlaßten Neuwahl des Reichstags am 31. Juli 1932 votierten 57% der deutschen Wähler für die Errichtung einer Diktatur, einer braunen oder roten.

Reichskanzler Brüning sah sich im Frühjahr 1932 allein auf die Hilfe oder richtiger: die Hilflosigkeit jener parlamentarischen Kräfte zurückgeworfen, von denen er sich, wie es Gerhard Schulz formuliert hat, seine ganze Amtszeit hindurch entfernt hatte, um seine Idee von der Restauration zu verwirklichen. Umgekehrt war ihm die „Gewinnung jener, für die er tatsächlich arbeitete", mißlungen: der äußersten Rechten, des Staatsoberhaupts und der Reichswehrführung[118].

[115] In einem Schreiben vom 12. Oktober 1948 an Graf Henning v. Borcke-Stargordt sprach *Brüning* davon, daß Hindenburg durch „unverantwortliche Ratgeber und durch seine Familienmitglieder hin- und hergezerrt" worden sei: Er habe die Dinge „nicht mehr erfassen können". Bundesarchiv Koblenz, Kleine Erwerbungen 242/5.

[116] Nach einem Schreiben des früheren stellvertretenden Fraktionsvorsitzenden Thomas *Eßer* vom 27. Juli 1947 an seine frühere Fraktionskollegin Christine Teusch, habe er (zusammen mit Josef Ersing) am Morgen nach Brünings Sturz (31. Mai 1932) an dessen Bett gesessen und ihn „namens der Partei und der Fraktion" gebeten, „irgendwelchen Aufschluß" zu geben: „Er hat das verweigert und uns gesagt, daß er niemals darüber etwas verlauten lassen werde." Edgar *Alexander*, Adenauer und das neue Deutschland (Recklinghausen 1956, S. 139f.), hat kritisiert, daß Brüning der Öffentlichkeit nicht nur den Zerfall der geistigen Kräfte Hindenburgs vorenthalten, sondern auch führenden Sozialdemokraten immer wieder versichert habe, daß der Reichspräsident niemals den Nationalsozialisten die Macht ausliefern werde. Nur dadurch sei das „fahrlässige Sicherheitsbewußtsein aller führenden Hitler-Gegner" zu erklären.

[117] Bezeichnend dafür ist ein Stimmungsbild, das der Bischof von Regensburg, Michael *Buchberger*, am 20. Mai 1932 Kardinal Faulhaber übermittelte: „Wir stehen mitten im Sommer und noch immer ist so viel wie nichts geschehen zur Wiederbelebung der Wirtschaft und Beschaffung von Arbeit. Die Not ist abgrundtief, es gibt Familien, die nur noch von Kartoffeln leben, die Stimmung ist fast desperat. Verstreichen noch zwei Monate wie bisher, dann ist Brüning vollständig erledigt; irgendeine Revolution (von rechts oder links) ist unausbleiblich, Chaos und Nirwana werden das Ende sein. Sollen nicht wir Bischöfe einen Aufruf an die Regierung richten, daß sie doch auf jede Weise und so bald als möglich Arbeit und Verdienst schafft? Darin liegt die ungeheuere Stoßkraft des Nationalsozialismus, daß er die Stimmung des Volkes gegenüber der Ohnmacht der Reichsregierung ausgezeichnet trifft und ausnützt." Akten Kardinal Faulhabers, Bd. 1, bearbeitet von Ludwig *Volk*. Mainz 1975 (z. Z. im Druck).

[118] G. *Schulz*, Erinnerungen an eine mißlungene Restauration (s. Anm. 9), S. 79.

Allerdings muß sogleich angefügt werden, daß Brüning nicht in erster Linie wegen der Unerfüllbarkeit seines Programms oder wegen bevorstehender politischer Erfolge gestürzt worden ist, die Hindenburg nicht mit dem Namen eines katholischen Zentrumskanzlers habe verknüpfen wollen[119]. (Sein Nachfolger Papen war ja ebenfalls Katholik.) Er scheiterte aus anderen Gründen. Sie lagen ebenso in der Mentalität, u. a. der Scheu des Reichspräsidenten, weiterhin Verantwortung für den „unpopulären" Notverordnungskurs mitzutragen, wie in der agrarprotektionistischen Interessenbindung Hindenburgs und in der kurzfristig wechselnden Zielsetzung von dessen Umgebung (Oskar v. Hindenburg, Schleicher, Meißner), die ihn fernsteuerte.

Dafür liefern die „Memoiren" wie zahlreiche spätere Briefe eine Fülle neuer und für die politische Moral wie Korruptionsanfälligkeit der „herrschenden Kreise" vernichtende Beispiele. Selbst die als katastrophal und niederschmetternd geschilderten Einblicke, die der Reichskanzler bei seiner Ostreise im Januar 1931 über das Ausmaß der Korruption ostelbischer Großgrundbesitzer gewonnen hatte (S. 244), blieben ohne Konsequenzen für die Einschätzung und Behandlung seiner erbittertsten politischen Gegner im Lager der Rechten.

Beim Kanzler-Sturz spielte die Wiederwahl Hindenburgs als Reichspräsident im April 1932 – die Brüning nach Ansicht der Umgebung Hindenburgs durch eine Verständigung mit den Rechtsparteien hätte verhindern müssen – mit den Stimmen von Zentrum und SPD (also aus der Sicht Hindenburgs: der „falschen Front") und gegen die Stimmen insbesondere der ostpreußischen Wähler eine Rolle. In diesen Zusammenhang gehört ferner das SA-Verbot vom 13. April 1932, das der Reichspräsident, dessen innere Abwendung von „seinem" Kanzler im Herbst 1931 begonnen hatte, nur widerwillig verfügt hatte. Dazu gehört schließlich die trotz des Ausgangs der Preußenwahlen vom 24. April 1932 nicht sofort erfolgte Abkehr Brünings von der SPD ebenso wie der Konflikt um die „Osthilfe" an jene ostelbischen Großgrundbesitzer, zu deren Kreis auch die Familie Hindenburg seit der Schenkung des Gutes Neudeck (1927) gehörte[120].

[119] S. 456; ähnlich am 2. April 1946 an Johannes Maier-Hultschin, am 23. September 1947 an Rudolf Pechel und im gleichen Jahr an Tilo Frhr. v. Wilmowsky. Vgl. *Wilmowskys* Erinnerungen: Rückblickend möchte ich sagen. Oldenburg 1961, S. 22f.

[120] Am 18. September 1957 schrieb *Brüning* an Hans v. Raumer: „Das Unglück war Neudeck." Zum Scheitern der Osthilfe-Politik, die weder die fortschreitende Verschuldung des östlichen Großgrundbesitzes hatte verhindern noch die politische Radikalisierung wirksam bekämpfen können, vgl. *Brünings* Feststellung im Kabinett am 18. März 1932: Die Osthilfe-Maßnahmen hätten in den bedachten Gebieten eine verschärfte Agitation der Rechtsparteien ausgelöst und seien der Regierung nicht etwa gedankt worden. T. P. *Koops*, Zielkonflikte der Agrar- und Wirtschaftspolitik (s. Anm. 110), S. 865.

3. *Innere Widersprüche*

Von den inneren Widersprüchen in den „Memoiren" sollen einige beispielhaft erwähnt werden[121]. Dabei bleibt Brünings Darstellung über die Zeit nach dem 30. Mai 1932 ausgeklammert, da sie, wie bereits angedeutet, nicht den gleichen Quellenwert wie die der Kanzlerschaft beanspruchen kann und von besonders zahlreichen Widersprüchen durchzogen ist.

Ausführlich belegt der Memoirenschreiber, wie er, vor allem im Wahlkampf vom Frühjahr 1932, gegen seine Überzeugung dazu beigetragen habe, Hindenburgs Mythos zu vergrößern (S. 502, 537). Gleichzeitig aber enthüllt er, auch in zahllosen Briefen, das Bild eines senilen, bereits seit 1930 zeitweise geistesabwesenden, unzuverlässigen und von einer pausenlos intrigierenden (Familien-)Umgebung beeinflußten Ausbunds an politischer Hilflosigkeit und Treulosigkeit. (Vor der Treulosigkeit als eines hervorstechenden Charakterzugs Hindenburgs wurde er von Groener wie vom Kronprinzen, allerdings erst spät [S. 520, 552], ausdrücklich gewarnt.) In diesen Zusammenhang gehört auch die Enthüllung Brünings, daß der allseits unbeliebte Oskar v. Hindenburg, den er später schlicht als „beschränkt" beurteilt hat[122], Kabinettsmitglieder als „Schweine" bezeichnete (S. 273)[123] und dessen Frau Margarete ihrer Freude darüber Ausdruck verlieh, mit der Regierung Brüning „die plebs" losgeworden zu sein (S. 613).

Brünings Wendung in einem Brief vom 13. Mai 1957 an Katharina v. Kardorff: „Über Hindenburg werde ich sehr wohlwollend schreiben, aber nicht über seinen Sohn, Meißner und Schleicher", entspricht nur sehr bedingt dem veröffentlichten Text der „Memoiren". Auch die Begründung des Exkanzlers, mit der er seinen persönlichen und ausschlaggebenden Einsatz von 1932 zugunsten der Wiederwahl des vergreisten Präsidenten rechtfertigt, trifft nur partiell zu, wenn es heißt, er habe die erhofften politischen Erfolge vor der Geschichte mit dem „mystischen Namen" Hindenburgs verknüpfen wollen (S. 376). Richtiger ist, daß der Kanzler, der einen Vorschlag abge-

[121] Auf Widersprüche in *Brünings* Darstellung von 1947 in seinem Brief an Rudolf Pechel (s. Anm. 13) hat damals als erster der frühere preußische Ministerpräsident Otto *Braun* hingewiesen. In: Deutsche Rundschau 71, 1948, S. 107ff.

[122] Am 18. Juli 1957 an Hans v. Raumer. Dazu vgl. auch die Eintragung des Staatssekretärs in der Reichskanzlei, Hermann *Pünder*, vom 29. Mai 1932: Der Sohn des Reichspräsidenten sei eine „recht gefährliche Figur [...], recht töricht und von ziemlichem Einfluß auf den Vater". Einige Tage vorher (15. Mai): „alles weniger als sympathisch". Politik in der Reichskanzlei (s. Anm. 114a), S. 123, 127.

[123] Auch in bezug auf Schleicher (S. 509). In einem Brief *Brünings* vom 12. Oktober 1948 an Henning v. Borcke-Stargordt hieß es, er habe gewußt, „welche Ausdrücke" Oskar v. Hindenburg über die einzelnen Mitglieder seiner Regierung gebraucht habe.

lehnt hatte, seinerseits gegen Hitler zu kandidieren[124], allein mit dieser politischen Vaterfigur und Hauptstütze seines Notverordnungs-Kurses hoffen konnte, Hitler schlagen zu können, um seine eigenen Ziele zu erreichen.

Die Tatsache, daß Brüning ausgerechnet an dieser Uniform, dessen Träger er verehrt und noch im Wahlkampf vom Frühjahr 1933 glorifiziert hat, politisch gescheitert ist, wurde zum Trauma seines künftigen Lebens; es stellt sich, auch nach Ausweis seiner Briefe, als eine einzige Rückblende dar.

Die Feststellung, daß der Reichskanzler politisch gescheitert ist, obwohl er mit seinem Notverordnungskurs einem parlamentsunabhängigen Regieren – welches andere war realisierbar? – Vorschub geleistet hat, bedeutet und erlaubt es indes nicht, Brüning als Vorläufer der Hitler-Diktatur zu bezeichnen. Ebensowenig führt es weiter, von seiner „unpolitischen Politik“ zu sprechen, wie es Karl Dietrich Bracher 1971 getan hat[125], oder vom „unpolitischen Politiker“, wie ihn Theodor Eschenburg schon 1959 genannt hat[126]. Von beiden Autoren ist nicht erwähnt worden, daß die Wertung Brünings als „unpolitischer Politiker“ von dessen rechtsextremem Gegner Eduard Stadtler stammt; allerdings benutzte er sie im September 1931 als Vorwurf gegen den Reichskanzler des Weimarer „Systems“, der mit seiner Politik das Reich dahin führe, daß es „im Bolschewismus untergeht“[127].

Von Widersprüchen durchzogen ist Brünings Schilderung über sein zähes und entwürdigendes Ringen um die Gunst Hugenbergs und der Deutschnationalen. Deren stur oppositionelles Verhalten empfand er als Verrat an der nationalen Sache, deren finanzpolitische Rezepte – Kreditschöpfung zur Entschuldung der Großindustrie – brandmarkte er als korrupt und verbrecherisch. Nach dem Zeugnis von Zeitgenossen konnte der Reichskanzler gerade den „sturen“ Hugenberg nicht ausstehen, den er, zusammen mit der Zentrumsführung, überdies noch im Wahlkampf von 1933 für mindestens ebenso gefährlich eingeschätzt hat wie Hitler[128].

Auffallend in den „Memoiren“ ist ferner eine bemerkenswerte Distanz gegenüber der eigenen Partei und hier wiederum speziell gegenüber einzel-

[124] Wie die BVP-Führung geraten hatte. Vgl. Karl *Schwend*, Die Bayerische Volkspartei, in: Das Ende der Parteien 1933, S. 459.

[125] Brünings unpolitische Politik und die Auflösung der Weimarer Republik (s. Anm. 9), S. 113ff. In der SED-parteilichen Rezension der „Memoiren“ hat Wolfgang *Ruge* gegen diese „gekünstelt-paradoxe These“ polemisiert, mit der Bracher „in mancher Hinsicht den am weitesten gehenden Versuch zur Reinwaschung Brünings“ unternommen habe. In: Zeitschr. für Geschichtswiss. 19, 1971, S. 1263.

[126] Die Rolle der Persönlichkeit in der Geschichte der Weimarer Republik, wiederabgedruckt in: Die improvisierte Demokratie. München 1963, S. 269.

[127] Schafft es Brüning? (Sammlung von Aufsätzen aus der Zeitschrift „Das Großdeutsche Reich“). Berlin 1931, S. 151f.

[128] Vgl. R. *Morsey*, Die Deutsche Zentrumspartei, in: Das Ende der Parteien, S. 346.

nen Persönlichkeiten des Führungskreises (Hess, Kaas, Joos, Marx, Stegerwald, Wirth) sowie gegenüber allen „Interessenvertretern" und den meisten „Zentrumsprälaten". Ausgenommen von dieser Kritik an Zentrumspolitikern sind nur einzelne Persönlichkeiten (vor allem Bolz und Perlitius sowie der, auch in späteren Briefen Brünings, überschätzte Sekretär der katholischen Arbeiterbewegung und preußische Landtagsabgeordnete Bernhard Letterhaus). Im Widerspruch zu der überaus kritischen Einschätzung der Sozialdemokratie steht die Tatsache, daß alle prominenten SPD-Politiker, und zwar namentlich und wiederholt (genauso auch in späteren brieflichen Äußerungen), als besonders befähigte, um Vaterland und Staatswohl verdiente Männer belobigt werden. Durchgehend positiv sind auch die Gewerkschaften bewertet.

Spürbar gespalten ist Brünings Einschätzung der bayerischen Politik. An mehreren Stellen der „Memoiren" ist von der „unwahrhaftigen Politik Bayerns" und von finanziellen „Erpressungen" die Rede, mit denen die Münchner BVP-Regierung das Reichskabinett bedroht, ja, „bis aufs Blut gepeinigt" habe (S. 204, 212, 217, 303, 389). Die neben Heinrich Held in diesem Zusammenhang zu nennende Personifizierung dieser „Erpressungen" hingegen, der damalige Leiter des bayerischen Finanzministeriums, Fritz Schäffer (S. 212), wurde in späteren Briefen Brünings – und das, wiewohl sich beide Männer nach dem Zeugnis Erwein v. Aretins „ziemlich ehrlich gehaßt" hatten[129] – aufs höchste gelobt: als einziger seiner früheren Gegenspieler und im Gegensatz zu Politikern der Zentrumspartei, denen der Reichskanzler wie der Memoiren- und Briefschreiber gleichermaßen skeptisch oder ablehnend gegenüberstand (Adenauer, Joos, Köhler, Schreiber, Spiecker, Stegerwald).

Ausdrücklich möchte ich davor warnen, Brünings Schilderungen von Kabalen und Intrigen zwischen Reichskanzlei und Reichspräsidentenpalais, aber auch über Spionage in der Reichskanzlei (S. 395ff.), unkritisch zu akzeptieren.

Ein Widerspruch sui generis betrifft Brünings Einschätzung des *Katholizismus* und des *Protestantismus*. Bekannt ist, daß der katholische Westfale bereits während der Jahre seines Langzeitstudiums vor dem Ersten Weltkrieg in Straßburg ökumenische Bestrebungen kennen- und schätzengelernt hatte. Die „Memoiren" hingegen sind von dem konfessionellen Minderwertigkeitsgefühl eines Angehörigen jener Generation katholischer Akademiker durchzogen, die unter der Minderheitssituation und dem Vorwurf litt, sich

[129] Krone und Ketten, hsrg. von Karl *Buchheim* und Karl Otmar *v. Aretin*. München 1955, S. 119.

nicht „national" genug gebärdet zu haben[130]. Das Bemühen des Memoirenschreibers ist darauf gerichtet, unter keinen Umständen den Eindruck eines „katholischen Reichskanzlers" zu erwecken[131].

Das aber hatte politische Konsequenzen. In seiner ausgeprägten Furcht vor einem furor protestanticus (S. 183, 248, 333, 358) ging der Reichskanzler so weit, katholischen Staatsbürgern politische Zurückhaltung zu empfehlen. Er selbst veranlaßte insgeheim die finanzielle Sanierung der Devaheim-Sparkasse, die der „Inneren Mission" nahestand (und deren Direktor dann die Millionen-Subventionen unterschlagen habe) (S. 406), ließ hingegen die ebenfalls vor dem Zusammenbruch stehende Gewerbebank des „Volksvereins für das katholische Deutschland" in Konkurs gehen. Seine Begründung für dieses gegensätzliche Verhalten in vergleichbaren Situationen lautete: Im letzteren Falle habe er ablehnen müssen, „damit niemals gesagt werden konnte, daß ich außerhalb von Etatspositionen irgendeinen Pfennig für katholische Institute gegeben hatte". Die Sanierung zugunsten der „Inneren Mission" hingegen sei notwendig gewesen, um „unabsehbaren Schaden für die Autorität der protestantischen Kirche" abzuwenden (S. 407).

4. *Zur Einschätzung von Pacelli und Kaas*

Auch in späteren Briefen Brünings aus der Zeit nach 1945 kommt sein konfessionelles Minderwertigkeitsgefühl zum Vorschein. In dessen Konsequenz vertrat er die Ansicht, es sei in Deutschland besser, einen Protestanten als einen Katholiken zum Kanzler zu wählen, auch in der Konstellation nach 1949[132]. Diese Haltung wurde durch eine Überbetonung nationaler Akzente kompensiert. Damit verband sich bei Brüning ein ausgeprägter Antikurialismus (S. 136) und spürbarer Antiklerikalismus, deren Ursprünge bereits in seiner Studienzeit in Straßburg nachweisbar sind[133]. Nur wenn man die konfessionspolitischen Besorgnisse des Reichskanzlers berücksichtigt und ein gleichzeitig erteiltes überschwengliches Lob für Mussolini (wenn-

[130] Dazu vgl. Rudolf *Morsey*, Die deutschen Katholiken und der Nationalstaat zwischen Kulturkampf und Erstem Weltkrieg, in: Histor. Jb. 90, 1970, S. 31ff.

[131] So Walter *Bußmann*, Der deutsche Katholizismus im Jahre 1933, in: Festschrift für Hermann Heimpel zum 70. Geburtstag, Bd. 1. Göttingen 1971, S. 191. Von Brünings Abneigung gegen die „zu betonte Zurschaustellung des Katholizismus in Berlin" berichtet auch Hermann *Pünder* (Tagebucheintragungen vom 26. Mai 1932), in: Politik in der Reichskanzlei (s. Anm. 114a), S. 126.

[132] 2. April 1946 an Johannes Maier-Hultschin; 31. Dezember 1949 an August Wegmann; 21. Dezember 1949 an Franz v. Galen, Briefe II, S. 208.

[133] Vgl. R. *Morsey*, Brünings politische Weltanschauung (s. Anm. 64), S. 333f., sowie *Brünings* Schreiben von Ende August 1935 an Mona Anderson: „Wir wurden [während des Studiums in Straßburg] antiklerikal." Briefe I, S. 87.

gleich Brüning dessen einzigen konkreten Vorschlag, den nach einer Viermächtekonferenz, ablehnte), kann man die Darstellung des Memoirenschreibers über seinen mißlungenen Staatsbesuch im Vatikan im August 1931 interpretieren[134].

Diese Passagen (S. 358ff.) sind vielfach als Beweis für eine angeblich NS-freundliche Haltung des Kardinalstaatssekretärs Pacelli bzw. der Kurie und des Zentrumsvorsitzenden Kaas verstanden worden. Dabei wurde nicht beachtet, daß schon die Faktenwiedergabe dieses Abschnitts fehlerhaft ist und damit die (in späteren Briefen überdies teilweise anderslautenden) Schilderungen über die vatikanischen Gespräche kritisch zu bewerten sind[135]: Der Reichskanzler hatte sich sehr wohl, entgegen seiner Darstellung, vorher in die Sachdiskussion um die strittige Frage des Armeebischofs eingeschaltet; zudem war, nach Brünings Wiedergabe, der bei seinem Gespräch mit Pacelli als vordringlich herausgestellte, von ihm (angeblich noch dazu gegen kuriale Intentionen) intendierte rasche Abschluß eines Vertrags mit der protestantischen Kirche in Preußen bereits drei Monate vor diesem Gespräch erfolgt[136].

[134] Am 14. Oktober 1958 schrieb *Brüning* an Johannes Maier-Hultschin: „Der Tod des Papstes [Pius XII. = E. Pacelli] ist mir sehr nahe gegangen. Ich kann in meinem Buche auch jetzt nicht meine Auseinandersetzungen mit ihm in Rom im August 1931 erwähnen, zumal er, als ich 1936 in der Schweiz war, durch einen Vertrauten [Robert Leiber S.J.] mir sagen ließ, daß ich mit meinen Auffassungen [Warnung vor Abschluß eines Reichskonkordats] recht behalten habe."

[135] Am 1. März 1959 schrieb *Brüning* an Franz Dessauer, seine „scharfe Auseinandersetzung" mit dem Kardinalstaatssekretär sei vom Vatikanbotschafter v. Bergen, „dessen Schwiegermutter die Nazis seit Jahren begünstigte", unter Umgehung des Auswärtigen Amtes dem Reichspräsidenten berichtet worden: „Der Zweck war nur, mich zu stürzen." Ein entsprechender Bericht ist weder in den Akten des Politischen Archivs des Auswärtigen Amtes in Bonn noch auch (nach Auskunft des Deutschen Zentralarchivs in Potsdam) in denen des Büros des Reichspräsidenten zu ermitteln. Nach zeitgenössischen Presseberichten hat Bergen an dem Gespräch mit Pacelli (entgegen Brünings anderslautenden Mitteilungen) nicht teilgenommen.

[136] Dazu vgl. die fundierte Kritik von Ludwig *Volk*, Brüning contra Pacelli, in: Rheinischer Merkur vom 27. November 1970 und 11. Dezember 1970; *ders.*, Das Reichskonkordat vom 20. Juli 1933. Mainz 1972, S. 48f. In einer Aufzeichnung des Brüning begleitenden Außenministers *Curtius* über sein Gespräch mit Pacelli (im Anschluß an das des Reichskanzlers) vom 9. August 1931 heißt es: Pacelli habe ihn mit „großer Herzlichkeit" empfangen und immer wieder seine starke Verbundenheit mit Deutschland betont. Von irgendwelchen Differenzen ist in dem zweiseitigen Bericht ebensowenig die Rede wie in *Curtius*' gleichzeitigem getrennten Bericht über sein Gespräch mit Pius XI. Politisches Archiv des Auswärtigen Amtes Bonn, Pol. II, Vatikan. In dem überaus schmeichelhaften Bericht des „Osservatore Romano" vom 8. August 1931 über den Vatikanbesuch der beiden deutschen Politiker wurde bezeichnenderweise das Diktum von Oldenburg-Januschau referiert: Brüning sei der beste Kanzler seit Bismarck. Botschafter *v. Bergen* schrieb Außenminister Curtius am 15. August 1932 einen Privatbrief, in dem es hieß: „Die Sympathien für Deutschland und die leitenden Staatsmänner sind im Vatikan ohne Zweifel sehr stark." Politisches Archiv des Auswärtigen Amtes Bonn, ebd.

Schließlich ist es nach allem, was wir bisher von Pacellis Deutschlandpolitik vor 1933 wissen, wenig wahrscheinlich (wenn auch nicht völlig ausgeschlossen), daß er dem Reichskanzler bei ihrer Unterredung in bezug auf den Abschluß eines Reichskonkordats und eine Umbildung der Regierung die von Brüning geschilderten massiven Ratschläge erteilt haben soll[137]. Dem an anderer Stelle des Buches zu findenden apodiktischen Urteil des Memoirenschreibers, Pacelli habe weder die „Grundbedingungen der deutschen Politik noch die besondere Stellung der Zentrumspartei je richtig verstanden“ (S. 135f.), steht neben anderen Zeugnissen folgende interne Äußerung des Kardinalstaatssekretärs an Unterstaatssekretär Pizzardo vom 28. September 1932 entgegen: „Bei allen seinen Gebrechen bleibt das Zentrum immer noch [. . .] die einzige Partei, auf die man in kirchlichen Angelegenheiten mit Sicherheit zählen kann.“[138]

Ähnlich kritisch muß Brünings widersprüchliches Urteil über das Verhalten des Zentrumsvorsitzenden Prälat Ludwig *Kaas* in den Jahren 1932/33 geprüft und bewertet werden. Das ausgezeichnete Verhältnis beider Zentrumspolitiker hat sich offensichtlich im Laufe des Jahres 1931 abgekühlt. Brüning datiert den Beginn einer Entfremdung auf den 24. September. Damals habe Kaas in seinem Beisein gegenüber Schleicher im Zusammenhang mit Überlegungen, wie man eine Diktatur Hitlers verhindern könne, theologisch-naturrechtliche Deduktionen über mögliche Rechtfertigungen eines Staatsstreichs entwickelt. Als deren Konsequenz habe Schleicher fälschlicher-

[137] Bemerkenswert dazu sind die Mitteilungen, die Pater Robert *Leiber* (Rom) am 28. Februar 1961 dem früheren Zentrumsabgeordneten Johannes Schauff übermittelt hat: „[Über den Besuch im Vatikan] hat mir Brüning nie das Geringste gesagt, weder 1950 noch die zwei Male, die ich ihn zwischen 1933 und 1939 gesprochen habe. Kardinal Pacelli bemerkte mir einmal kurz, die Unterredung mit Brüning, auf die er gespannt gewesen sei und für die er den Reichskanzler eigens in sein Appartamento privato mitnahm, sei unglücklich verlaufen. Der Kanzler habe als erstes Befürchtungen, fast Klagen, der Regierung vorgebracht, der oberschlesische Klerus sei zu stark polnisch beeinflußt. Er, der Kardinal, sei überrascht gewesen und habe nur antworten können, er wisse über diese Verhältnisse nicht Bescheid, aber der zuständige Bischof, Kardinal Bertram, sei doch national zuverlässig und werde sicher nichts dulden, was dem Reich schaden könnte. Man sei dann nicht mehr warm geworden. Mehr weiß ich nicht über jene Unterredung.“ Vgl. dazu ferner die (anders akzentuierten) Angaben bei G. R. *Treviranus*, Das Ende von Weimar, S. 242f., 380f.

[138] Abgedruckt bei L. *Volk* (s. Anm. 136). Das *Martinus-Blatt* (Kirchenzeitung der Diözese Mainz) referierte zum 5. März 1933, dem Tag der Reichstagswahl, eine Äußerung von Nuntius *Pacelli*, der 1929 von den „großen und entscheidenden Diensten“ gesprochen habe, „welche die Deutsche Zentrumspartei getreu ihren rühmlichen Traditionen der Verteidigung der Rechte und Pflichten der Kirche geleistet hat“. Vgl. dazu auch das Urteil des von Brüning geschätzten P. Robert *Leiber:* „Man würde [. . .] Pacelli [. . .] Unrecht tun, wollte man ihm eine feindselige, ja auch nur ungute Einstellung gegen das Zentrum vorwerfen.“ Reichskonkordat und Ende der Zentrumspartei, in: Stimmen der Zeit 167, 1960/61, S. 221.

weise entnommen, daß auch führende Zentrumspolitiker einer eventuellen Ablösung Brünings zugunsten einer noch stärker parlamentsunabhängigen Regierung nicht widersprechen würden. Damit sei die Lösung Papen überhaupt erst möglich geworden (S. 399).

Die Beurteilung des Verhaltens von Kaas in den „Memoiren", insbesondere für die Zeit nach dem Sturz des Kanzlers, ist schon in der Wiedergabe wie in der Einordnung von Fakten vielfach falsch. Nicht erwähnt werden auch die außergewöhnlich engen Kontakte beider Zentrumspolitiker gerade in den letzten Monaten der Kanzlerschaft[139]. Brünings überdimensionierter Kritik liegt offensichtlich die Ansicht zugrunde, daß der „hervorragende Außenpolitiker" Kaas (S. 111) nach dem Tode Stresemanns das Amt des Außenministers erstrebt und 1930 seine Nichtberufung in die Regierung nicht verwunden habe[140]. Brünings Verdikt über Kaas gehört in den Zusammenhang seines Suchens nach personifizierten Sündenböcken, wie sie für andere Zusammenhänge in der Umgebung Hindenburgs gefunden wurden[141].

Zu Kaas, von dem feststeht, daß er seine Aufgabe einer straffen Führung der Partei vernachlässigt hat[142], so daß Brüning mehr als ihm erwünscht diese Lücke ausfüllen mußte, nur zwei Anmerkungen. Im Mai 1957 schrieb Brüning an Katharina v. Kardorff: „Über den Gegensatz von Kaas zu mir muß ich mich vorsichtig äußern. Die Toten können sich ja nicht verteidigen." Dieser Vorsatz findet in dem veröffentlichten Text der „Memoiren" keine Stütze. 1960 konnte ich in den „Stimmen der Zeit" tagebuchähnliche Aufzeichnungen von Kaas und seinen Briefwechsel mit Papen aus dem Frühjahr und Sommer 1933 über die Vorbereitung des Reichskonkordats publizieren[143]. Nach der Lektüre dieser Dokumentation teilte der Exkanzler am

[139] Nach Ausweis der „Tageszettel" ist Kaas von Januar bis Mai 1932 insgesamt 103mal bei Brüning gewesen (Bundesarchiv Koblenz, Nachlaß Pünder, Nr. 44), nicht gerechnet andere Treffen, z. B. bei Sitzungen des Fraktionsvorstands oder des Reichstags.

[140] 21. Februar 1947 an Johannes Maier-Hultschin. Am 31. August 1946 informierte *Brüning* P. Robert Leiber, der Chefarzt des Hedwig-Krankenhauses in Berlin habe ihm im Oktober 1933 mitgeteilt, daß Kaas „mehr vom psychiatrischen Standpunkt aus zu beurteilen sei als vom politischen und moralischen".

[141] Daß auch andere Persönlichkeiten zu den „Leidtragenden solcher partieller Verfinsterung von Brünings Personengedächtnis" gehörten (so L. *Volk*, Brüning in seinen Briefen [s. Anm. 4], S. 140), sei hier nur erwähnt. Von Hans Schäffer war bereits die Rede.

[142] Dazu vgl. Rudolf *Morsey*, Ludwig Kaas, in: Zeitgeschichte in Lebensbildern, hrsg. von Rudolf *Morsey*. Mainz 1973, S. 268f. Zum Persönlichkeitsbild wichtig: Karin *Schauff*, Erinnerung an Ludwig Kaas. Pfullingen 1972; L. *Volk*, Reichskonkordat (s. Anm. 136), passim.

[143] Bd. 166, 1960, S. 422ff.; Bd. 167, S. 11ff. Wiederabgedruckt in: Staatliche Akten über die Reichskonkordatsverhandlungen 1933, bearbeitet von Alfons *Kupper*. Mainz 1969.

16. November 1960 Heinrich Krone mit, er sei darüber „entsetzt", daß diese Zeitschrift solche Vorgänge um Kaas enthülle.

Dabei konnte, wie der Text der Dokumentation zeigt, von „Enthüllungen" überhaupt keine Rede sein, während zu diesem Zeitpunkt Brünings Verdikt über Kaas längst fixiert war. Nicht zuletzt in der Beurteilung oder richtiger Verurteilung des Zentrumsvorsitzenden, wie sie in späteren Briefen massiert auftaucht, wird deutlich, wie sehr Brünings Urteile aus der Perspektive ihrer Niederschrift von 1934/35 bewertet werden müssen. Damals standen das wenig rühmliche Ende der Zentrumspartei – zu dem auch der Exkanzler als letzter Parteivorsitzender (6. Mai 1933) keine Alternative hatte aufzeigen können – und das Entsetzen über die Praktiken der Hitler-Diktatur im Vordergrund von Brünings Denken.

V. *Aufgaben der Forschung*

1. *Detailkritik und Vergleich*

Damit möchte ich zu Beginn des letzten Teils meines Referats die bisher zurückgestellte Frage beantworten: Welche *Konsequenzen* ergeben sich angesichts der gekennzeichneten Problematik für die innere Glaubwürdigkeit dieser „Memoiren", die eine wichtige, jedoch in den einzelnen Teilen nicht gleichmäßig zu bewertende zeitgeschichtliche Quelle bilden? Für ihre Kritik sind nicht nur die seit langem zugänglichen einschlägigen amtlichen Akten[144] und Quelleneditionen sowie Brünings noch nicht ausgewertete Briefe heranzuziehen, sondern auch diejenigen Stellungnahmen, die inzwischen in größerer Zahl von ehemaligen Mitarbeitern Brünings und von ihm befreundeten Persönlichkeiten im In- und Ausland vorliegen[145].

Damit lassen sich jene „historischen Urteile" fällen, die der damalige Harvard-Professor in seinem Vortrag in Chicago im Sommer 1946 erwähnte, als er auf die Komplexität politischer Entscheidungen hinwies und erklärte: „Nur in Memoiren, die ja im Rückblick geschrieben werden, gibt es eine gerade Linie durch das Labyrinth der täglichen Aktionen und Reak-

[144] Für 1976 ist in der Reihe „Akten der Reichskanzlei. Weimarer Republik" (Boppard 1968ff.) die Publikation der Akten aus der Reichskanzlerzeit Brünings im Bundesarchiv Koblenz in drei Bänden vorgesehen, bearbeitet von Tilman P. *Koops*.

[145] R. R. Beer, A. Brecht, W. Fonk (†), E. Föhr, E. Hamburger, J. Hofmann (†), J. Kannengießer, H. Krone, H. Pünder, J. Schauff, G. N. Shuster, G. R. Treviranus (†), A. Wegmann, J. Wheeler-Bennett. Dazu vgl. K. *Gotto,* Brüning in der Diskussion (s. Anm. 64), S. 112f.

tionen." Er selbst habe nicht den „fragwürdigen Mut, historische Urteile auszusprechen, ehe dokumentarische Beweise vorliegen"[146].

Brüning war sich seiner Verantwortung vor der Geschichte bewußt (S. 275). Er hat die Aufgaben der Geschichtswissenschaft hoch eingeschätzt, aber auch die Bedeutung seiner Memoiren, deren Diskussion er als Beitrag zur Besinnung auf die „eigenen geschichtlichen Leistungen vergangener Jahrzehnte" verstanden wissen wollte[147].

Diese Diskussion dauert seit nunmehr vier Jahren an; sie hat bisher allerdings nicht die vom Exkanzler erhofften Ergebnisse gezeitigt. Im Gegenteil: Die „Memoiren" haben weitaus mehr dazu beigetragen, die Gründe und Ursachen, um nicht zu sagen die Zwangsläufigkeit des politischen Scheiterns von Brüning verständlich zu machen als einer positiveren Würdigung der Leistungen seiner Kanzlerschaft den Weg zu bahnen. Im Vorwort der „Memoiren" heißt es: „Nichts ist gefährlicher, als wenn politische Führer oder Parteien an die Unfehlbarkeit einer einzigen, bestimmten Lösung glauben" (S. 13). Seine Erinnerungen hingegen lassen erkennen, daß und wie sehr Brüning auf eine einzige Lösung, auf eine einzige Person, gesetzt hat.

In Kenntnis der „Memoiren" haben es Brünings Freunde und Interpreten schwerer als vorher, die Politik des Reichskanzlers in der Weltkrisenzeit zu erklären und zu vertreten. Man ist geneigt, um nicht zu sagen genötigt, den Memoirenschreiber Brüning gegen den Reichskanzler zu verteidigen[148]. In der Tat ist *der* Brüning, der sich in den „Memoiren" spiegelt, nicht derselbe, den ehemalige beamtete und publizistische Mitarbeiter des Reichskanzlers und seine noch lebenden Kollegen aus der Zentrumsfraktion, aber auch ehemalige SPD-Politiker[149] und ausländische Freunde gekannt zu haben glaubten. Das ist von ihnen übereinstimmend versichert worden.

An diese Feststellung schließt sich die Frage an: Kann man ernsthaft davon ausgehen, daß es dem Reichskanzler möglich gewesen ist, auch seine engsten Mitarbeiter, Kabinettskollegen und Parteifreunde mehr als zwei Jahre lang mit seinen politischen Zielvorstellungen hinters Licht zu führen (Rückwärtsrevidierung des Verfassungssystems, Beseitigung der föderalistischen Grundlage, Umstrukturierung des Parlaments- und Parteiensystems, Vorbereitung einer Rechtsregierung) und sie über den „Angelpunkt" seiner

[146] Druck (s. Anm. 13), S. 193, 196.

[147] So am 23. September 1957 an Otto A. Friedrich. Vgl. auch sein Vorwort zu den „Memoiren", S. 12f.

[148] Vgl. J. *Wheeler-Bennett*, The End of the Weimar Republic (s. Anm. 10), S. 369.

[149] Vgl. E. *Hamburger:* „Kein Mithandelnder in verantwortlicher Stellung, kein Schriftsteller oder Gelehrter der damaligen Zeit hat in den Memoiren *den* Brüning gefunden, den er selbst gekannt zu haben glaubte." (S. Anm. 47), S. 38.

Politik, die Wiederherstellung der Monarchie (S. 378), im Unklaren zu lassen oder gar zu täuschen? Soll es dem Kanzler tatsächlich möglich gewesen sein, seine „Endziele" zu verbergen, um sie nicht zu gefährden[150]?

Der damalige badische Zentrumsvorsitzende und Reichstagsabgeordnete Ernst Föhr, der in den Jahren 1935–1938 in seinem Schweizer Ferienquartier Sils/Segl-Maria im Oberengadin Brüning jeweils einige Wochen lang zu Gast hatte (und der in den „Memoiren" positiv beurteilt wird), schrieb 1971: 99% dessen, was die „Memoiren" enthielten, sei ihm „gänzlich unbekannt" gewesen; viele der dort erwähnten Intentionen und Aktionen des Kanzlers hätten keineswegs der Auffassung des Zentrums entsprochen[151]. Andere ehemalige Fraktionskollegen waren bestürzt über das Minimum an Vertrauen, mit dem sie ihren politischen Einsatz in der Krisenzeit zugunsten des Kanzlers nachträglich belohnt bzw. mißbraucht sahen.

Diese Reaktion ist allerdings nicht neu. Bereits 1947, nach der Publikation von Brünings Brief an Rudolf Pechel in der „Deutschen Rundschau", hatte der langjährige stellvertretende Vorsitzende der Zentrumsfraktion und stellvertretende Reichstagspräsident Thomas Eßer nicht glauben wollen, daß der veröffentlichte Brief von Brüning stamme[152].

Der Hinweis auf derartige Äußerungen und die Notwendigkeit, sie ihrerseits (aber nicht etwa unkritisch) in die Würdigung miteinzubeziehen, darf nun allerdings *nicht* so verstanden werden, als ob damit Zweifel an Brünings Urheberschaft als Autor seiner Erinnerungen angemeldet werden sollten; solche Äußerungen dürfen aber andrerseits bei der wissenschaftlichen Beurteilung der „Memoiren" nicht weiterhin, wie bisher fast ausnahmslos geschehen, einfach übergangen werden.

Brünings „Memoiren" erschließen sich erst – und diese Annahme reicht in jene bereits angedeutete neue Dimension der historischen Kritik –, wenn man ihre Genesis berücksichtigt: Sie sind in der geistigen (Abwehr-)Haltung eines konservativen Demokraten, eines aus der „Volksgemeinschaft" verstoßenen Patrioten geschrieben worden, der sein Vaterland als Emigrant unfreiwillig verlassen mußte[153]. Als Folge davon wie seines „oft labilen Gesundheitszu-

[150] So am 22. März 1951 an Joachim v. Ostau. Nach einer Feststellung in der Brüning-Biographie von Alphons *Nobel* (Leipzig 1932, S. 22), der Brüning von der gemeinsamen Arbeit im DGB her gut kannte, entsprach es dessen Neigung, weder die Mitwelt noch die Nachwelt in die „letzten Beweggründe der eigenen Politik" sehen zu lassen.

[151] In memoriam Brüning, in: Anzeiger für die katholische Geistlichkeit (Freiburg i. Br.) 80, 1971, S. 169, 171.

[152] Vgl. Rudolf *Morsey*, Die Deutsche Zentrumspartei, in: Das Ende der Parteien 1933, S. 362 Anm. 56, wo andere Teile dieses Eßer-Briefes vom Juli 1947 an Christine Teusch verarbeitet worden sind.

[153] Nach einer mündlichen Auskunft von Gottfried R. *Treviranus* (†) vom 28. Mai 1971 hat Brüning in der Emigration zunächst einen „völlig gebrochenen Eindruck" gemacht.

stands"[154] haben sich offensichtlich in seinem Erinnerungsbild Wandlungen vollzogen.

Er selbst konstatierte 1946 einmal, daß Memoiren eines Politikers durch den „Rückblick" beeinflußt würden[155] und urteilte am 9. Februar 1947: „Ich habe nie geglaubt, daß der Charakter der Menschen in der Emigration sich, mit wenigen Ausnahmen, so ändern könnte."[156] Ein andermal, am 19. Dezember 1953, hieß es: „Die Leute hier [in der Bundesrepublik] haben sich verändert, und auch ich habe mich gewandelt."[157] Der Unterstaatssekretär im State Department, George Messersmith, hatte bereits 1944/45 in bisher nicht publizierten Aufzeichnungen festgehalten, daß Brüning nicht mehr der gleiche gewesen sei „that we had known before"[158].

2. *Berücksichtigung des Zeitpunkts der Niederschrift und der überbetonten „patriotischen" Konzeption*

Nach meiner Ansicht hat Brüning die bittere Erfahrung des Exils, das für ihn so etwas wie einen nationalen Makel bedeutete, (vielleicht nicht einmal voll bewußt) zu kompensieren versucht. Das geschah einmal durch die Niederschrift seiner Memoiren, die „ungeheuer befreiend" wirkte[159] und ihn vor „Depressionen" bewahrte[160], und zum andern dadurch, daß er sich dabei in seiner „vaterländischen" Haltung versteifte. Nicht ganz auszuschließen ist auch für die Diktatfassung von 1934/35 die Sorge Brünings, daß sein Manuskript der Gestapo – die von dessen Existenz wußte[161] – in die Hände fallen könnte.

Als Konsequenz dieses Verhaltens traten in seinen „Memoiren" vermeintlich „patriotische" Taten oder Konzeptionen überproportioniert hervor. Dazu gehören, um Beispiele zu nennen:

Seine überhöhte, ja, als entscheidend bewertete Rolle im „passiven Widerstand" während des Ruhrkampfs von 1923;

[154] Vgl. G. R. *Treviranus*, Für Deutschland im Exil, S. 90 (für 1936/37). Vgl. ferner G. N. *Shuster*, In Amerika und Deutschland (s. Anm. 11), S. 161: „Das Exil [...] kann sogar die Substanz eines starken Mannes zerstören." *Brünings* Briefe sind voll von Hinweisen auf seinen schlechten Gesundheitszustand. In die Briefauswahl-Edition sind nur sehr wenige einschlägige Stellen aufgenommen worden.

[155] In seiner Rede in Chicago. Druck (s. Anm. 13), S. 193.

[156] An Rudolf Pechel. Briefe II, S. 72.

[157] An Patrick Barry. Briefe II, S. 342.

[158] Zitiert bei Th. A. *Knapp*, Heinrich Brüning im Exil (s. Anm. 6), S. 102 Anm. 38.

[159] So am 8. Juli 1939 an Anna Herzog. Briefe I, S. 274.

[160] So am 4. Dezember 1949 an Gustav Olef.

[161] So Gisela v. *Alvensleben* in ihrem Leserbrief in Publik (s. Anm. 51) und in schriftlichen Auskünften an mich.

die Akzentuierung seiner geheim gebliebenen Zusammenarbeit mit Reichswehroffizieren, insbesondere mit Oberstleutnant a. D. Willisen – der im übrigen zu einer Art militärischen Wundermanns stilisiert wird[162] –;
die massiv unterstrichene Affinität zur politischen Rechten und zur preußischen Tradition;
die Überschätzung der Realisierbarkeit wie der Folgen einer Monarchie-Restauration;
die Interpretation seines Verhaltens gegenüber der SPD, das er als eine Art „Verschleißpolitik" gedeutet wissen wollte;
die Entdeckung einer jüdischen und antichristlichen „Kamarilla" im preußischen Staatsministerium[163];
die überbetonte Distanz zu seiner eigenen Partei und deren Vorsitzenden sowie zur katholischen Kirche;
seine Bereitschaft zum nationalen Opfer zugunsten der Rechtsparteien nach Überwindung der Krisensituation.

In diesen Zusammenhang gehören schließlich auch das Ablenken von eigener Verantwortlichkeit oder von Mißerfolgen durch überzogene Kritik an einzelnen Personen, die Gewichtung seiner Gründe für die Schonung der NSDAP und ihrer Führer sowie die Unterdrückung von negativen Aussagen über Hindenburg auf Kosten von dessen Umgebung.

Derartige Beurteilungen betrachte ich weniger als eine historisch korrekte Wiedergabe der Politik des Reichskanzlers als vielmehr einen Reflex der *nachträglichen* Einschätzung oder Wunschvorstellung des Emigranten. Das Diktat der „Memoiren" wurde keine drei Monate nach der Flucht aus der Heimat begonnen, offensichtlich unter dem Eindruck einer Schockwirkung der ersten Mordwelle der Nationalsozialisten von 1934[164]. Angesichts der von Brüning nicht einkalkulierten Brutalität der unangefochten herrschenden Hitler-Regierung, der er auch künftig weder die Legitimität noch die Vertretung nationaler Belange absprach, eingeschlossen das Recht zur Wiedergewinnung der 1919 verlorenen West- und Ostgebiete des Reiches, empfand er sein eigenes Scheitern an Hindenburg, wodurch der Weg für Hitler frei wurde, doppelt schwer.

[162] Dazu vgl. Tilman P. *Koops*, Heinrich Brünings „Politische Erfahrungen", in: Geschichte in Wissenschaft und Unterricht 24, 1973, S. 202f.

[163] Dazu vgl. neuerdings H. *Weichmann*, Kritische Bemerkungen zu den Briefen Brünings an Sollmann (s. Anm. 91), S. 459f., sowie E. *Hamburger* (s. Anm. 47), S. 33f.

[164] Am 10. Dezember 1955 sprach *Brüning* (an Günter Joël) davon, daß er seine Erinnerungen vor 20 Jahren „unter dem frischen Eindruck der Erlebnisse" diktiert habe.

Brünings „Memoiren“ vermitteln eine eindrucksvolle, aber nachträglich rationalisierte und zu stark konzeptualisierte Darstellung zielbewußten politischen Planens und erfolgreichen Handelns in einer außergewöhnlichen Not- und Krisenzeit. Sie sind bisher zu wenig als grandiose Apologie eines Staatsmanns verstanden worden, der im Mai 1932 seinen Sturz längst erwartet und, wie von den Kanzlerstürzern einkalkuliert, in politischer Resignation hingenommen hat. Der Exkanzler wollte lebenslang nicht das Illusionäre seiner Konzeption einsehen, zumal unter einem Reichspräsidenten, dessen spontane Reaktion auf Brünings ersten Vortrag über seine Monarchie-Pläne gelautet haben soll: „Und was wird dann aus meiner Pension?“[165]

Die zeitgeschichtliche Forschung muß Brünings politisches Wollen, seine Erfolge wie seine Grenzen als Reichskanzler neu überdenken. Einen Ausgangspunkt, aber nicht, wie vielfach angenommen, den Endpunkt dafür bilden dessen „Memoiren“, ergänzt um das noch ungedruckte Briefwerk. Diese Erinnerungen müssen jedoch über weite Strecken hin erst noch entziffert werden, bevor sie als Quelle interpretiert werden können.

[165] Mündliche Mitteilungen von Herrn Klaus *Dohrn*, dem Brüning dieses Faktum während der gemeinsamen amerikanischen Emigrationszeit mitgeteilt hat.

Veröffentlichungen
der Arbeitsgemeinschaft für Forschung des Landes Nordrhein-Westfalen,
jetzt der Rheinisch-Westfälischen Akademie der Wissenschaften

Neuerscheinungen 1966 bis 1974

Vorträge G Heft Nr.		GEISTESWISSENSCHAFTEN
130	*Ernst Langlotz, Bonn*	Die kulturelle und künstlerische Hellenisierung der Küsten des Mittelmeers durch die Stadt Phokaia
131	*Harry Westermann, Münster*	Das Verhältnis zwischen Bergbau und öffentlichen Verkehrsanstalten als Gegenstand richterlicher und gesetzgeberischer Bewertung
132	*Werner Schulemann, Bonn*	Die Kunst Zentralasiens als Ausdrucksform religiösen Denkens
	Walther Heissig, Bonn	Tibet und die Mongolei als literarische Provinzen
133	*Tilemann Grimm, Bochum*	China und Südostasien in Geschichte und Gegenwart
134	*Peter Berghaus und Karl Schneider, Münster*	Anglo-friesische Runensolidi im Lichte des Neufundes von Schweindorf (Ostfriesland)
135	*Benno von Wiese, Bonn*	Goethe und Schiller im wechselseitigen Vor-Urteil
136	*Gotthard Günther, Illinois (USA)*	Logik, Zeit, Emanation und Evolution
137	*Karl Heinrich Rengstorf, Münster*	Die Re-Investitur des Verlorenen Sohnes in der Gleichniserzählung Jesu, Luk. 15, 11–32
138	*Gerhard Gloege †, Bonn*	Die Todesstrafe als theologisches Problem
139	*Joseph Ratzinger, Tübingen*	Das Problem der Dogmengeschichte in der Sicht der katholischen Theologie
140	*Herbert von Einem, Bonn*	Masaccios „Zinsgroschen"
141	*Karl Gustav Fellerer, Köln*	Klang und Struktur in der abendländischen Musik
142	*Joh. Leo Weisgerber, Bonn*	Die Sprachgemeinschaft als Gegenstand sprachwissenschaftlicher Forschung
143	*Wilhelm Ebel, Göttingen*	Lübisches Recht im Ostseeraum
144	*Albrecht Dihle, Köln*	Der Kanon der zwei Tugenden
145	*Heinz-Dietrich Wendland, Münster*	Die Ökumenische Bewegung und das II. Vatikanische Konzil
146	*Hubert Jedin, Bonn*	Vaticanum II und Tridentinum
147	*Helmut Schelsky, Münster*	Schwerpunktbildung der Forschung in einem Lande
	Ludwig E. Feinendegen, Jülich	Forschungszusammenarbeit benachbarter Disziplinen am Beispiel der Lebenswissenschaften in ihrem Zusammenhang mit dem Atomgebiet
148	*Herbert von Einem, Bonn*	Die Tragödie der Karlsfresken Alfred Rethels
149	*Carl A. Willemsen, Bonn*	Die Bauten der Hohenstaufen in Süditalien. Neue Grabungs- und Forschungsergebnisse
150	*Hans Flasche, Hamburg*	Die Struktur des Auto Sacramental „Los Encantos de la Culpa" von Calderón
		Antiker Mythos in christlicher Umprägung
151	*Joseph Henninger, Bonn*	Über Lebensraum und Lebensformen der Frühsemiten
152	*François Seydoux de Clausonne, Bonn*	Betrachtungen über die deutsch-französischen Beziehungen von Briand bis de Gaulle
153	*Günter Kahle, Köln*	Bartolomé de las Casas
154	*Johannes Holthusen, Bochum*	Prinzipien der Komposition und des Erzählens bei Dostojevskij
155	*Paul Mikat, Düsseldorf*	Die Bedeutung der Begriffe Stasis und Aponoia für das Verständnis des 1. Clemensbriefes
156	*Dieter Nörr, Münster*	Die Entstehung der *longi temporis praescriptio*. Studien zum Einfluß der Zeit im Recht und zur Rechtspolitik in der Kaiserzeit
157	*Theodor Schieder, Köln*	Zum Problem des Staatenpluralismus in der modernen Welt
158	*Ludwig Landgrebe, Köln*	Über einige Grundfragen der Philosophie der Politik
159	*Hans Erich Stier, Münster*	Die geschichtliche Bedeutung des Hellenennamens
160	*Friedrich Halstenberg, Düsseldorf*	Nordrhein-Westfalen im nordwesteuropäischen Raum: Aufgaben und Probleme gemeinsamer Planung und Entwicklung

161	*Wilhelm Hennis, Freiburg i. Br.*	Demokratisierung – Zur Problematik eines Begriffs
162	*Günter Stratenwerth, Basel*	Leitprinzipien der Strafrechtsreform
	Hans Schulz, Bern	Kriminalpolitische Aspekte der Strafrechtsreform
163	*Rüdiger Schott, Münster*	Aus Leben und Dichtung eines westafrikanischen Bauernvolkes – Ergebnisse völkerkundlicher Forschungen bei den Bulsa in Nord-Ghana 1966/67
164	*Arno Esch, Bonn*	James Joyce und sein *Ulysses*
165	*Edward J. M. Kroker, Königstein*	Die Strafe im chinesischen Recht
166	*Max Braubach, Bonn*	Beethovens Abschied von Bonn
167	*Erich Dinkler, Heidelberg*	Der Einzug in Jerusalem. Ikonographische Untersuchungen im Anschluß an ein bisher unbekanntes Sarkophagfragment Mit einem epigraphischen Beitrag von Hugo Brandenburg
168	*Gustaf Wingren, Lund*	Martin Luther in zwei Funktionen
169	*Herbert von Einem, Bonn*	Das Programm der Stanza della Segnatura im Vatikan
170	*Hans-Georg Gadamer, Heidelberg*	Die Begriffsgeschichte und die Sprache der Philosophie
171	*Theodor Kraus †, Köln*	Die Gemeinde und ihr Territorium – Fünf Gemeinden der Niederrheinlande in geographischer Sicht
172	*Ernst Langlotz, Bonn*	Der architekturgeschichtliche Ursprung der christlichen Basilika
173	*Hermann Conrad †, Bonn*	Staatsgedanke und Staatspraxis des aufgeklärten Absolutismus Jahresfeier am 10. Mai 1971
174	*Tilemann Grimm, Bochum*	Chinas Traditionen im Umbruch der Zeit
175	*Hans Erich Stier, Münster*	Der Untergang der klassischen Demokratie
176	*Heinz-Dietrich Wendland, Münster*	Die Krisis der Volkskirche – Zerfall oder Gestaltwandel?
177	*Gerhard Kegel, Köln*	Zur Schenkung von Todes wegen
178	*Theodor Schieder, Köln*	Hermann Rauschnings „Gespräche mit Hitler" als Geschichtsquelle
179	*Friedrich Nowakowski, Innsbruck*	Probleme der österreichischen Strafrechtsreform
180	*Karl Gustav Fellerer, Köln*	Der Stilwandel in der abendländischen Musik um 1600
181	*Georg Kauffmann, Münster*	Michelangelo und das Problem der Säkularisation
182	*Harry Westermann, Münster*	Freiheit des Unternehmers und des Grundeigentümers und ihre Pflichtenbindungen im öffentlichen Interesse nach dem Referentenentwurf eines Bundesberggesetzes
183	*Ernst-Wolfgang Böckenförde, Bielefeld*	Die verfassungstheoretische Unterscheidung von Staat und Gesellschaft als Bedingung der individuellen Freiheit
184	*Kurt Bittel, Berlin*	Archäologische Forschungsprobleme zur Frühgeschichte Kleinasiens
185	*Paul Egon Hübinger, Bonn*	Die letzten Worte Papst Gregors VII.
186	*Günter Kahle, Köln*	Das Kaukasusprojekt der Alliierten vom Jahre 1940
187	*Hans Erich Stier, Münster*	Welteroberung und Weltfriede im Wirken Alexanders d. Gr.
188	*Jacques Droz, Paris*	Einfluß der deutschen Sozialdemokratie auf den französischen Sozialismus (1871–1914)
189	*Eleanor v. Erdberg-Consten, Aachen*	Die Architektur Taiwans Ein Beitrag zur Geschichte der chinesischen Baukunst
190	*Herbert von Einem, Bonn*	Die Medicimadonna Michelangelos
191	*Ulrich Scheuner, Bonn*	Das Mehrheitsprinzip in der Demokratie
192	*Theodor Schieder, Köln*	Probleme einer europäischen Geschichte Jahresfeier am 30. Mai 1973
193	*Erich Otremba, Köln*	Die „Kanalstadt". Der Siedlungsraum beiderseits des Ärmelkanals in raumdynamischer Betrachtung
194	*Max Wehrli, Zürich*	Wolframs ‚Titurel'
195	*Heinrich Dörrie, Münster*	Pygmalion – Ein Impuls Ovids und seine Wirkungen bis in die Gegenwart
196	*Jan Hendrik Waszink, Leiden*	Biene und Honig als Symbol des Dichters und der Dichtung in der griechisch-römischen Antike
197	*Henry Chadwick, Oxford*	Betrachtungen über das Gewissen in der griechischen, jüdischen und christlichen Tradition
198	*Ernst Benda, Karlsruhe*	Gefährdungen der Menschenwürde
199	*Herbert von Einem, Bonn*	‚Die Folgen des Krieges'. Ein Alterswerk von Peter Paul Rubens
200	*Hansjakob Seiler, Köln*	Das linguistische Universalienproblem in neuer Sicht
201	*Werner Flume, Bonn*	Gewohnheitsrecht und römisches Recht
202	*Rudolf Morsey, Speyer*	Zur Entstehung, Authentizität und Kritik von Brünings „Memoiren 1918-1934"

ABHANDLUNGEN

Band Nr.		
24	*Anton Moortgat, Berlin*	Tell Chuēra in Nordost-Syrien. Vorläufiger Bericht über die dritte Grabungskampagne 1960
25	*Margarete Newels, Bonn*	Poetica de Aristoteles traducida de latin. Ilustrada y comentada por Juan Pablo Martir Rizo (erste kritische Ausgabe des spanischen Textes)
26	*Vilho Niitemaa, Turku, Pentti Renvall, Helsinki, Erich Kunze, Helsinki, und Oscar Nikula, Abo*	Finnland – gestern und heute
27	*Ahasver von Brandt, Heidelberg, Paul Johansen, Hamburg, Hans van Werveke, Gent, Kjell Kumlien, Stockholm, Hermann Kellenbenz, Köln*	Die Deutsche Hanse als Mittler zwischen Ost und West
28	*Hermann Conrad †, Gerd Kleinheyer, Thea Buyken und Martin Herold, Bonn*	Recht und Verfassung des Reiches in der Zeit Maria Theresias. Die Vorträge zum Unterricht des Erzherzogs Joseph im Natur- und Völkerrecht sowie im Deutschen Staats- und Lehnrecht
29	*Erich Dinkler, Heidelberg*	Das Apsismosaik von S. Apollinare in Classe
30	*Walther Hubatsch, Bonn, Bernhard Stasiewski, Bonn, Reinhard Wittram †, Göttingen, Ludwig Petry, Mainz, und Erich Keyser, Marburg (Lahn)*	Deutsche Universitäten und Hochschulen im Osten
31	*Anton Moortgat, Berlin*	Tell Chuēra in Nordost-Syrien. Bericht über die vierte Grabungskampagne 1963
32	*Albrecht Dihle, Köln*	Umstrittene Daten. Untersuchungen zum Auftreten der Griechen am Roten Meer
33	*Heinrich Behnke und Klaus Kopfermann (Hrsg.), Münster*	Festschrift zur Gedächtnisfeier für Karl Weierstraß 1815–1965
34	*Joh. Leo Weisgerber, Bonn*	Die Namen der Ubier
35	*Otto Sandrock, Bonn*	Zur ergänzenden Vertragsauslegung im materiellen und internationalen Schuldvertragsrecht. Methodologische Untersuchungen zur Rechtsquellenlehre im Schuldvertragsrecht
36	*Iselin Gundermann, Bonn*	Untersuchungen zum Gebetbüchlein der Herzogin Dorothea von Preußen
37	*Ulrich Eisenhardt, Bonn*	Die weltliche Gerichtsbarkeit der Offizialate in Köln, Bonn und Werl im 18. Jahrhundert
38	*Max Braubach †, Bonn*	Bonner Professoren und Studenten in den Revolutionsjahren 1848/49
39	*Henning Bock (Bearb.), Berlin*	Adolf von Hildebrand Gesammelte Schriften zur Kunst
40	*Geo Widengren, Uppsala*	Der Feudalismus im alten Iran
41	*Albrecht Dihle, Köln*	Homer-Probleme
42	*Frank Reuter, Erlangen*	Funkmeß. Die Entwicklung und der Einsatz des RADAR-Verfahrens in Deutschland bis zum Ende des Zweiten Weltkrieges
43	*Otto Eißfeldt †, Halle, und Karl Heinrich Rengstorf (Hrsg.), Münster*	Briefwechsel zwischen Franz Delitzsch und Wolf Wilhelm Graf Baudissin 1866–1890
44	*Reiner Haussherr, Bonn*	Michelangelos Kruzifixus für Vittoria Colonna. Bemerkungen zu Ikonographie und theologischer Deutung
45	*Gerd Kleinheyer, Regensburg*	Zur Rechtsgestalt von Akkusationsprozeß und peinlicher Frage im frühen 17. Jahrhundert. Ein Regensburger Anklageprozeß vor dem Reichshofrat. Anhang: Der Statt Regenspurg Peinliche Gerichtsordnung
46	*Heinrich Lausberg, Münster*	Das Sonett *Les Grenades* von Paul Valéry

47	*Jochen Schröder, Bonn*	Internationale Zuständigkeit. Entwurf eines Systems von Zuständigkeitsinteressen im zwischenstaatlichen Privatverfahrensrecht aufgrund rechtshistorischer, rechtsvergleichender und rechtspolitischer Betrachtungen
48	*Günther Stökl, Köln*	Testament und Siegel Ivans IV.
49	*Michael Weiers, Bonn*	Die Sprache der Moghol der Provinz Herat in Afghanistan
50	*Walther Heissig (Hrsg.), Bonn*	Schriftliche Quellen in Mogolī. 1. Teil: Texte in Faksimile
51	*Thea Buyken, Köln*	Die Constitutionen von Melfi und das Jus Francorum
52	*Jörg-Ulrich Fechner, Bochum*	Erfahrene und erfundene Landschaft. Aurelio de'Giorgi Bertòlas Deutschlandbild und die Begründung der Rheinromantik
53	*Johann Schwartzkopff (Red.), Bochum*	Symposium ‚Mechanoreception'
54	*Richard Glasser, Neustadt a. d. Weinstr.*	Über den Begriff des Oberflächlichen in der Romania
55	*Elmar Edel, Bonn*	Die Felsgräbernekropole der Qubbet el Hawa bei Assuan. II. Abteilung. Die althieratischen Topfaufschriften aus den Grabungsjahren 1972 und 1973

Sonderreihe
PAPYROLOGICA COLONIENSIA

Vol. I *Aloys Kehl, Köln*	Der Psalmenkommentar von Tura, Quaternio IX (Pap. Colon. Theol. 1)
Vol. II *Erich Lüddeckens, Würzburg, P. Angelicus Kropp O. P., Klausen, Alfred Hermann † und Manfred Weber, Köln*	Demotische und Koptische Texte
Vol. III *Stephanie West, Oxford*	The Ptolemaic Papyri of Homer
Vol. IV *Ursula Hagedorn und Dieter Hagedorn, Köln, Louise C. Youtie und Herbert C. Youtie, Ann Arbor*	Das Archiv des Petaus (P. Petaus)
Vol. V *Angelo Geißen, Köln*	Katalog Alexandrinischer Kaisermünzen der Sammlung des Instituts für Altertumskunde der Universität zu Köln Band I: Augustus-Trajan (Nr. 1–740)
Vol. VI *J. David Thomas, Durham*	The epistrategos in Ptolemaic and Roman Egypt Part 1: The Ptolemaic epistrategos

SONDERVERÖFFENTLICHUNGEN

Der Minister für Wissenschaft und Forschung des Landes Nordrhein-Westfalen – Landesamt für Forschung –	Jahrbuch 1963, 1964, 1965, 1966, 1967, 1968, 1969, 1970 und 1971/72 des Landesamtes für Forschung

Verzeichnisse sämtlicher Veröffentlichungen der Arbeitsgemeinschaft für Forschung des Landes Nordrhein-Westfalen, jetzt der Rheinisch-Westfälischen Akademie der Wissenschaften, können beim Westdeutschen Verlag GmbH, 567 Opladen, Postfach 1620, angefordert werden.